思维的真相

THINKNKING ABILITY

王　立◎编著

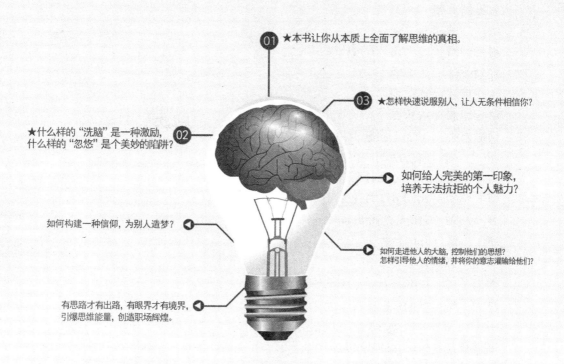

01　★本书让你从本质上全面了解思维的真相。

03　★怎样快速说服别人，让人无条件相信你？

★什么样的"洗脑"是一种激励，
什么样的"忽悠"是个美妙的陷阱？　02

如何给人完美的第一印象，
培养无法抗拒的个人魅力？

如何构建一种信仰，为别人造梦？

如何走进他人的大脑，控制他们的思想？
怎样引导他人的情绪，并将你的意志灌输给他们？

有思路才有出路，有眼界才有境界，
引爆思维能量，创造职场辉煌。

中华工商联合出版社

图书在版编目(CIP)数据

思维的真相 / 王立编著. —北京:中华工商联合
出版社,2013.11(2024.1重印)
ISBN 978-7-5158-0746-1

Ⅰ.①思… Ⅱ.①王… Ⅲ.①思维-通俗读物
Ⅳ.①B80-49

中国版本图书馆CIP数据核字(2013)第227286号

思维的真相

编　　著:王　立
责任编辑:吕　莺　李伟伟
装帧设计:吴小敏
责任审读:郭敬梅
责任印制:迈致红
出版发行:中华工商联合出版社有限责任公司
印　　刷:河北浩润印刷有限公司
版　　次:2014年1月第1版
印　　次:2024年1月第2次印刷
开　　本:710mm×1000mm　1/16
字　　数:260千字
印　　张:16
书　　号:ISBN 978-7-5158-0746-1
定　　价:68.00元

服务热线:010-58301130
销售热线:010-58302813
地址邮编:北京市西城区西环广场A座
　　　　　19-20层,100044
http://www.chgslcbs.cn
E-mail:cicap1202@sina.com(营销中心)
E-mail:gslzbs@sina.com(总编室)

前　言

1

从我们出生起,各种商业广告、大众媒体,各种公司、机构,甚至我们周围的人,都试图采用各自心理技术控制我们的思维、我们的欲望。因此,你不可能再忽视这样的事实——很多时候你的思维并不真正是你自己的。

现实中的很多人希望别人能够按照自己的意愿去做事,但效果总不能令人满意,他们不仅没能操控对方的心理,连了解都谈不上,更不会让对方心服口服,最终在对方心目中失去了威信。

2

在成功大师卡耐基看来,要想了解对方的心理,就需要掌握一定的技巧,而技巧运用得好坏与否直接影响到了解效果的好坏。为此,他归纳出一条人生哲理:"要想洞察对方心理并操控其心,必须要学会借用情感策略,对其实施攻心,这才是操纵对方心理最有效的方式。"

那么,作为个人,我们如何从本质上全面了解"思维的真相"呢?我们应如何从根源上学会区分什么样的欣赏是一种激励,什么样的"诱惑"是个美妙的陷阱。而作为个人,"思维的真相"里的正能量,如能巧妙运用到人际沟通、高端谈判、公关危机、品牌营销、企业管理、情感对话等日常生活的方方面面,不是更好吗?

3

本书以解读人心和心理分析为主题,能帮助人们在人际交往中更有效地辨别和运用他人心理。该书读者群定位广泛,是日常必备的心理社交书。文中有实用的心理分析,并配合攻心诀窍,具有非常积极的指导作用。

本书也是一本实用的技巧书,是帮助人们实现良好社交的好伙伴。无论是初入社会的年轻人还是在社会中摸爬滚打了几年的人,都能通过对本书的阅读得到社交的智慧。可以说,不管你从事什么行业,通过阅读本书,可助你彻底扫除你在争取情感、权力、金钱的人生道路上的绊脚石。

目 录
■ Contents

第一章　"神不知鬼不觉"的心理洞察方法 　　　　　*1*

一个人的成功，约有15%取决于他的知识和技能，85%取决于沟通，而蕴含巨大能量的心理洞察方法能够帮你在与人沟通中立于不败之地。

我们发现，谁能在沟通中主掌局面，谁就能赢得胜利;谁能在交往中赢得人心,谁就能赢得人脉。

1.1 神秘感的功用	/1
1.2 以退为进,巧妙破解僵局	/10
1.3 施加"压力",制造成功的良机	/18
1.4 制造悬念,事先搭好舞台"让"对方上场	/25

第二章　能让任何对方心服口服投降的"读心策略" 　　　*32*

现代的企业管理者们需要"读心技巧",了解员工的想法就意味着企业长青,财源滚滚……

婆婆、媳妇、老公们也需要"读心技巧",即便只能掌握皮毛,也可以助你婆媳和睦、夫妻恩爱……

人的思维非常重要,本章介绍的这些读心的技巧大家一定要谨记在心头。

2.1 不要让谎言蒙蔽了你的双眼 /32

2.2 听声辨人,聪明的耳朵能读心 /38

2.3 远离"点头Yes摇头No"的误区 /46

2.4 领悟小动作指令,让你所向披靡 /51

2.5 破解让人郁闷的"没表情" /58

第三章　迅速与对方拉近距离的"友好方式"　　65

事实上,与陌生人一见如故,真的很难做到。但如果你能做到,那么你的朋友将会遍布各地,你办事则会随之顺畅无阻,如鱼得水。

3.1 用第一句话消除陌生感 /65

3.2 "废话"多的人更受欢迎 /72

3.3 巧说、妙说、兜着圈子说 /81

3.4 认真倾听、适时插话,吸引众人注意力 /86

3.5 问题提得好,是打开"话匣子"的钥匙 /92

第四章　让人生丰富多彩的"包装衣"　　100

在这个让人眼花缭乱的世界中,每一个人都需要包装,从内涵到外表,从声音到时间,包装让我们的人生更加丰富多彩。

4.1 悦耳动听,给你的声音加点"料" /100

4.2 不论你从事什么职业,都不能忽视"身价包装"/110

4.3 包装你的个人魅力,必须重视 /115

4.4 把自己的需求包装成对方的需求 /125

4.5 "借名"生利,省时又省力 /130

第五章　什么情况下都能客气的"交流方法"　　**137**

交流方法是一门关于做人做事的学问,是一种谋略、智慧、路线、方法……不管你从事什么行业,不管你的职位高低,不管你的阅历深浅,学会它都将令你受益无穷。

5.1 让你八面玲珑的"交际方式"	/137
5.2 灵巧又实用的"诡辩"	/147
5.3 低调一点的"聪明展示"	/152
5.4 宽容是最好的待人方法	/159
5.5 润滑人际关系的"说话技巧"	/166

第六章　了解与反了解的"博弈心理"　　**172**

请你记住:成功的人同时也是一个优秀的心理学家。仅仅知道对方怎么想就够了吗? 不,完全不够,我们要利用自己的身体语言和心理战术影响对方的思维和心理。

6.1 对抗于无声,决胜于无形的"实战术"	/172
6.2 以情感人的"示弱术"	/185
6.3 化解消极情绪的"隐忍术"	/192
6.4 不卑不亢的"谈判术"	/197
6.5 你好我好的"共赢术"	/208

第七章　赢取地位和荣誉的"成功战略"　　**213**

是的,成功没有固定的模式,但是成功却有着很多相同的规律。如果找到了成功的规律,成功就变成了非常简单的事情。

7.1 读懂"潜规则",踏进成功圈 /213

7.2 "面子""里子"都是学问 /219

7.3 尊重别人是一个人成功的奠基石 /225

7.4 合作才能成功 /232

7.5 从现在开始,找到你的成功目标 /239

第一章 ⟩⟩⟩⟩

"神不知鬼不觉"的心理洞察方法

———— 个人的成功,约有15%取决于他的知识和技能,85%取决于沟通,而蕴含巨大能量的心理洞察方法能够帮你在与人沟通中立于不败之地。

我们发现,谁能在沟通中主掌局面,谁就能赢得胜利;谁能在交往中赢得人心,谁就能赢得人脉。

1.1 神秘感的功用

毕坚商店位于美国曼哈顿第五大街,在众多的商店中,它显得别具一格。例如在圣诞节购物高潮来临的时候,大多数商店里人来人往,热闹非凡,商家都在想方设法吸引更多的顾客光临自己的商店,而毕坚商店这时却重门深锁,里面只有一位顾客在选购,它一次只请一位顾客进去,这位顾客进入商店里,商店的大门就对别的顾客关上了。

作为店家,哪有关门拒客的道理?每次只接待一位客人,它能赚到什么钱呢?

初看起来，毕坚商店的做法似乎有违经商的原则，但如果我们结合当地消费者的构成情况来分析，就可以发现毕坚商店的经营策略自有它的高明之处。

美国纽约的曼哈顿是世界上名流商贾云集之地，巨额的资产给这些富豪们的心理和消费带来了与众不同的特点。正是为了适应这些世界富豪们，毕坚商店出了与众不同的新花样。它以极为富有的豪绅作为自己的目标顾客，经营的商品极为高档、奢华，当然价格也贵得令人咋舌。这里一套衣服至少要卖2200美元，一套床单标价9400美元，一瓶香水要卖1500美元。售价这么贵的商品，店家在每一件商品上赚得的利润也就相当惊人。所以，虽然毕坚商店一次只接待一位顾客，但它所获得的收益比别的商店接待几十、几百位顾客的收益只多不少。

这么贵的商品如何吸引顾客来买呢？

它每次只接待一位顾客就是措施之一。富豪们大多有高人一等的优越感，不愿与普通人为伍。整个商店一次只接待自己一个人，恰好满足了这些富豪顾客的虚荣心，而且该店对哪位顾客上门等情况都予以保密，越发抬高了毕坚商店的地位和身份，增强了它的吸引力。

事实证明，毕坚商店的经营策略是成功的。到目前为止，全世界有50多个国家和地区的富豪、王公贵族到毕坚商店"潇洒"过，美国总统里根、西班牙国王卡洛斯、约旦国王侯赛因和一些著名艺人都曾光顾过毕坚商店，而且他们一般都不会空手离开这家象征身份和地位的商店。

这就像某一行业的顶尖高手，他们的顾客都必须提前进行预约，并且他们只为一定数量的顾客服务。

神秘感的影响，在生活中无处不在。人们常说"外来的和尚会念经"，就是由于不知道外来和尚的来龙去脉，才会对他产生兴趣。如果是本地的和尚，人们都很了解他，碰上外来和尚，他的吸引力就不会有多大了。

从某种意义上说，神秘感令人产生了解欲望。

展示实力的交往方法

2004年6月,印度裔钢铁大王米塔尔为了嫁女,打造了一场本世纪最气派、最具轰动性的婚礼。他租下12架波音飞机,将1500名各路贵客送到巴黎,参加持续5天5夜的盛大庆祝活动。狂欢地点每天更换一次,都是极度著名而又奢靡的场所,包括著名的杜伊勒里花园、昔日路易十四大摆筵宴的王宫——凡尔赛宫,以及路易十四时期财政大臣的古堡等。

在米塔尔的精心策划下,女儿的婚礼变成了一场让人瞠目结舌的豪门大戏。其场面之盛大、花费之奢靡,连欧洲王室的婚礼也难以企及。米塔尔本人迅速登上各国娱乐媒体的头条,也逐渐得到欧洲上层社会的认可。

这其实是米塔尔对其财其势的一次综合展示,目的是向外界传递这样的信息——不管你如何看,我就是这样的人,以后我还要以这种强悍的姿态出现在世界钢铁市场。要结交、要合作我欢迎,而且你绝不会吃亏;要挑衅、要压制,先看看这块"巨石"你能否搬得动。

威慑力,在现实中的意义,就是先发制人,抢在你没对我下手前,我先来一番强势表演,让你明白我们之间的差距,默认我的地位与价值。

当然,有威慑力的人,靠的不只是花架子,一定是拥有不俗的实力。

1917年,辜鸿铭被蔡元培请到北京大学当教授。此时大清的辫子已剪掉多年,但辜鸿铭仍然在脑后拖着一根灰白相间的细小辫子,戴着瓜皮帽,穿着长袍,成为校园一景。他还不知道从哪里找来一个同样是满清遗老打扮的人做车夫,每天拉着他去北大讲西方文学。据说他第一次上课,一进课堂,学生就哄堂大笑。辜鸿铭不动声色,走上讲台,慢吞吞地说:"你们笑我,无非是因为我的辫子。我的辫子是有形的,可以马上剪掉,然而,诸位脑袋里面的'辫子',就不是那么容易剪掉的啦。"一语既出,四座哑然。

当时北大有不少洋教授,颇受北大学子尊重,但辜鸿铭从不把他们放在眼里。有一天,新聘的一位英国教授到教员休息室,见到这样一位老头蜷卧在沙发上,留着小辫,长袍上秽迹斑斑,便朝他发出不屑的笑声。辜鸿铭

也不介意,用一口纯正的英语问他尊姓大名,教哪一科。洋教授见此人的英语如此地道,为之一震,回答说教文学。辜鸿铭一听,马上用拉丁文与他交谈,弄得洋教授语无伦次,结结巴巴跟不上来。辜鸿铭质问说:"你是教西洋文学的,为什么对拉丁文如此隔膜?"那位教授无言以对,仓皇逃离。

然而,要注意的是,凡事有度,让人看到你强大的一面,防守的目的应当大于进攻。千万不能自大自傲,或只为表现而表现。

高姿态亮相往往先声夺人

假设一个场景,某个会议正在进行,有三个迟到者来到会场后,第一个急速地冲进去,急急忙忙地坐下来打开公文包,而没有对任何人打招呼;第二个人蹑手蹑脚地溜进去,尽可能地不引起别人的注意;而第三个人走进会场,在门口站立了片刻,向认识的每个人颔首微笑,然后从容不迫地走向自己的座位。

不要小看第三个人一瞬间的亮相,却足以决定他的身价。

现代化的今天,生活节奏加快,人们无时无刻不受到不同信息的疲劳轰炸。这就要求我们必须迅速理解周围世界,快速地进行判断,并据此采取行动。这样,人们不得不越来越依靠自己的"感觉",让第一印象来决定是不是要发展某种关系。

因此,借助社会交往评价一个人,并不像人力资源部门或者组织部门那样翻出档案材料,或者像工作考核那样借助量化指标,而只能是凭一种直接的感觉,对他的衣着打扮、言谈举止等进行打分,并形成一种深刻的印象,并且这种印象是相当准确的。

科学研究表明,一个人对他人印象的好坏,完全取决于两人初见面时的6秒钟内。在人们开口说出第一个字之前,个人形象已经进入了别人的大脑中。有些人甚至一句话不说,他人从外表和举止就已了解了形象的80%。

第一印象主要来自于眼睛的观察,而不需要通过语言交流。人类对画面的记忆力要远比对那些抽象的东西的记忆力要强大得多。一次交际活动过后,谁说过什么话你可能记不清了,但他谈话时的情景却牢牢印在了你心上。即使过了很长时间,只要一有诱发因素,这个画面就会浮现出来,直接影响你的交际情绪。

当两个人四目相对时,一种强大的力量已经对双方产生了影响,只因为这一眼,就像一台600万像素的相机一样,快门"咔嚓"一声,我们的形象就化成彼此心中的信息。就像一张照片,赤裸裸地印入对方的眼中,在此后很长一段时间都不容易改变,甚至可能留在对方的记忆中,一辈子都抹不掉。

人的情绪反应往往是先于理性判断的,并且往往不会分析情绪反应的由来。我们在见到对方的一刻,会先受到情绪反应的冲击,之后我们与对方的关系,都以这个情绪反应作为基础发展而成。

如果在双方初次见面时,我们留给对方的是负面的第一印象,那么,即使你个人能力再强,性格或品行再好,也很难有机会再证明了,无法再挽回了。哪怕只是稍微改变一下,也必须付出十倍的努力才行。

同样的道理,"良好的开端,是成功的一半"。如果能给对方留下美好的第一印象,我们就有机会大展宏图了。

如何才能在有限的时间里给别人留下良好的第一印象,显示自己的价值呢?

在上面"迟到者"的例子中,只凭进场的这一瞬间,人们几乎可以断定,第一位一定是个边洗澡,边刷牙,同时用左手搓头发的人。他身体前冲,什么时候都显得风风火火。这种姿态表现出来的不是活力,而是一种狂躁。第二位一定是个谨小慎微的人。他对生活没有信心,害怕做错事而受到批评,缺乏安全感,怕被人注意,因而只想尽快躲进人群里。

在生活中,这两种人代表了多数人的生活状态,因此他们都是"跑龙套"的角色,而只有第三位,才是一个能够不急不徐,把握得住生命和事业的人物。

我们要通过形象管理,树立起自己的人物形象。首先要改善自己的出场亮相的方式,这种时候也是能够将自己与不谙世事的"新兵"截然分开的

重要时候。

在这方面,一个心存济物的人与一个"新兵"还有一个最大的区别,就是他能把握不同的节奏。紧张和害羞的人总是急急忙忙,没有任何节奏,而心存济物的人则会刻意把握节奏。

举个例子来说,如果参加一个研讨会,当主持人向听众介绍你之后。你就应稳步走上讲台,站到讲桌旁边,不要像其他人一样匆忙掏出讲稿读起来。而要故意暂停一会,先环顾一下全场,从包里拿出讲稿,在讲桌上把讲稿整理好,再抬头看看观众,这时才看着讲稿开始说话。这样,无形之中,足以对全场的观众形成一种巨大的影响。

这就是社交中有节奏的暂停,它并不是迟疑不决的拖拉,而是一种有目的的策略:用行动和语言上的节奏来抓住听众的注意力。这种暂停并不需要太久,太久会造成冷场,而只是稍微的停顿,给人留下节奏分明的印象,保证自己不会被别人忽略。

有些人说当他们走进一间聚满人群的房子或领导、陌生人屋内时就十分紧张,这大可不必。进入一个满是人或领导的房间,适度的紧张是正常的。不过,别让这种紧张表现在肢体语言中,显得既焦躁又惊慌,而且带着一些粗鲁冒失的举止,这将使别人浑身不自在,而从心底把我们的分数打得很低,甚至不及格。如果我们天生如此,那么我们的确需要练习自制力。

还有一些人不得体的亮相方式:边进门边东拉西扯,边整顿服装边进入,不只我们自己,连室内的人都会随着分神,因为你的形象会显得十分不稳重;还有人为了增加自己的气势,喜欢怒气冲冲地大步闯进室内,实际上这种态度只能坏事,没有人喜欢火爆脾气的,不管这人职位有多高;还有一些人可能是动画片看多了,喜欢用一种玩具兵式的步伐走进室内,这样的举止动作应当收敛,机械呆板的步伐加上面无表情,似乎比较适合上了发条的玩具兵,给人冷峻无情的感觉,甚至更糟的是,让别人看起来滑稽可笑。

当我们走进有很多人或领导或陌生人的房间时,眼光应该随意自在,不要紧张地只顾瞧自己的脚,或者仰视天花板。直接瞧着房子里的人,并向他们示以微笑,这表明我们轻松自若,也易于被人接受。

即使已经迟到,也不要偷偷摸摸地溜进去,或者像旋风一样冲进去,而要在进门后稍微暂停一下,让别人知道我们的目的。为了不打扰别人,我们不要立刻解释,只需向主持者点一下头就可以了。

无论是进入哪一个重要的场合,无论房间里有多少人,都要对自己充满信心,应步履坚定。笑容亲切地抬头挺胸,别让身体前倾或弯腰驼背,用左手提着公文包,右手留着握手用,绝不可使公文包遮在我们的前面,这会让我们显得怯弱可欺。

我们可能还会遇到一些尴尬的时刻,走进会议室时突然扑倒在地,或跌跌撞撞地踉跄几步,最佳的补救方法是尽可能迅速起身,神态自若地稳住自己,或者自我幽默一番,也能让我们自己和观众重获从容和轻松。

接下来,让我们保持这样的情绪,走上交际舞台,所有的预演都会自动完成。

打击他的"自信",冻结他产生傲气的资本

人际交往中,我们常会遇到很多傲气十足的人,他们往往有这样那样的资本可以依赖。如果你能针对他产生傲气的资本给予打击,便无异于釜底抽薪,拆掉了他的"台子"。

下面与你分享四种"冻结资本"的技术:

出一道他回答不了的难题

一些人自恃知识丰富,阅历广泛,因而压根儿就瞧不起别人,表现出一股不可一世的傲气。对付这种傲气者,只需巧妙地设置一道难题,就可抑制其傲气。这是因为,不管其知识多么丰富,阅历多么广泛,然而在这个大千世界里,其所知毕竟是有限的,而其一旦发现自己也存在着某方面的知识缺陷,其傲气自然就会烟飞灰散了。

在一次国际会议期间,一位西方外交官非常傲慢地对我国一位代表提出了一个问题:"阁下在西方逗留了一段时间,不知是否对西方有了一点开

明的认识？"显然,这位外交官是以傲慢的态度嘲笑我国代表的无知。我国代表淡然一笑回答道:"我是在西方接受教育的。40年前我在巴黎受过高等教育,我对西方的了解可能比你少不了多少。现在请问你对东方了解多少？"而对我国代表的提问,那位外交官茫然不知所措,满脸窘态,其傲气荡然无存了。

无疑,巧设难题抑制傲气者,所设置的难题一定要是对方无法回答的问题,因为只有这样,才能暴露对方的无知或者缺陷,从而挫其傲气。如果设置的问题对方能够回答,这样不但不会挫其傲气,相反地,更会助长其傲气而使自己处于更难堪的境地。

露一手叫他瞧瞧

有些高傲者往往有一技之长,有自视清高的资本,这些人最瞧不起不学无术之辈,相反,对有真才实学,能力在他之上者,却又会像遇到知音似的格外看重,给予礼遇。有位傲者就说过这样的话:"有人说我'作',其实没说到点子上。我这个人最瞧不起混饭吃的人。你要干得漂亮,叫我服,我会把你奉为上宾！"这话正是这类高傲者心态的真实写照。

因此,对这种重才的傲者,要想博得他们的青睐,莫过于恰到好处地在他们面前展示自己的才华,使他们感到你不是等闲之辈,这时与之打交道就会变得容易多了。

有位行伍出身的领导,爱学习,爱动脑子,工作很有建树,且能写会画,人称"德将"。他个性孤傲,尤其看不上刚出校门、夸夸其谈的青年,因此有些青年很怵他,躲着他。一次他到部队作报告后,有位青年军官直言说他报告中引用的诗句有出入,并当场背出原诗句,说明出处。这位青年敢挑他的毛病,勇气可佳,使他对这位青年刮目相看了。回机关后,这位领导立即通知干部部门对这个青年军官进行考察,不久就把他调到机关工作,后来他们还成了忘年之交。

很显然,对待高傲者有时倒是需要"显山露水",恰当地展示自己的才华,从而改变对方的态度。受到他们的青睐,事情就好办了。当然,在傲者面前显示才华并非卖弄,也不是无的放矢的夸夸其谈,而是真才实学的恰当展现。

点一点他的痛处

有时与高傲者打交道,也可采取针锋相对的方法,即以不卑不亢的态度,抓住对方之要害并指出、打掉他赖以生傲的资本,这时对方会从自身的利益出发,放下架子,认真地把你放在同等地位上交往。

例如,1901年,美国石油大王洛克菲勒的第二代小约翰·戴·洛克菲勒,代表父亲与钢铁大王摩根谈判关于梅萨比矿区的买卖交易。摩根是一个傲慢专横、喜欢支配人的人,不愿意承认任何当代人物的平等地位。当他看到年仅27岁的小洛克菲勒走进他的办公室时,便继续和一位同事谈话,直到有人通报介绍后,摩根才对年轻而长相虚弱的小洛克菲勒瞪着眼睛大声说:"你们要什么价钱?"小洛克菲勒盯着老摩根,礼貌地答道:"摩根先生,我看一定有一些误会。不是我到这里来出售,相反,我的理解是您想要买。"老摩根听了年轻人的话,顿时目瞪口呆,沉默片刻,终于改变了声调。最后,通过谈判,摩根答应了洛克菲勒规定的售价。

在这次交际中,小洛克菲勒就是抓住了问题的关键:对摩根急于要买下梅萨比矿区给予点化,从而既出其不意地直戳对方的要害,说明实质;同时也表现出对垒的勇气和平等交往的尊严,使对方意识到自己应认真地、平等地交往,交际进程就变成了坦途。

"不加理睬"

一些有傲气的人,别人越尊敬他,他的傲气就越大。因而对这种傲气者有时不妨采取不予理睬的态度,这样可削弱或灭灭其傲气。

例如,某单位调来了一位中年人,这位中年人有着过硬的技术,因此瞧不起别人。他不是教训这个人,就是教训那个人,弄得大家都不愉快。于是大家都对他采取不予理睬的态度,见他来了就走。久而久之,他自觉无趣,于是改变了自己的态度。大家再也看不到他身上的傲气了,也就又恢复了与他的正常交往。

为什么采取这种方法能使傲气者改弦易辙呢?因为傲气者大都是为了显示自己高人一等的价值,而大家不理睬他,他不但没有显示出自己的价

值,反而使自己处于孤立无援的境地,因而不得不反省自己不受欢迎的原因,改弦易辙了。

当然,一旦对方停止产生傲气,我们便应该停止拆台行为,否则让对方总下不来台,他便会来拆我们的台了。

1.2 以退为进,巧妙破解僵局

被誉为"日本绳索大王"的岛村宁次在几年前还是一个穷光蛋,他的成功有赖于以退为进的"原价销售法"。其主要原则就是开始时吃亏,而后占大便宜。

首先,他在麻绳产地将5角钱一条长45公分的麻绳大量地买进后,又照原价5角钱一条卖给东京一带的纸袋工厂。

完全无利润甚至赔本的生意做了一年之后,"岛村宁次的绳索真便宜"让他名扬四方,订货单从各地像雪片般地源源而来。

于是,岛村宁次又按部就班地采取了第二步行动。他拿着购物数据对订货客户说:"到现在为止,我是1分钱也没有赚你们的,如若长此下去,我只有破产一条路了。"他的诚实感动了客户,客户心甘情愿地把货价提高到5角5分钱。

与此同时,他又对供货商说:"你卖给我5角钱一条的麻绳,我是原价卖出的,照此才有了这么多的订货。这种无利而赔本的生意,我是不能再做下去了。"厂商看到他给客户开的收据发票,大吃一惊,头一次遇到这种甘愿不赚钱的生意人。厂商感动不已,于是一口答应以后每条麻绳以4角5分钱的价格供应。

这样两头一交涉,一条麻绳就赚了1角钱。根据他当时一年的订货单,利润已相当的可观。几年后,岛村宁次从一个穷光蛋摇身一变成为"日本绳索大王"。

经商的目的就是为了赚钱，其要旨则是用最短的时间赚到最多的钱。然而岛村宁次却反其道而行之，以赔钱的"原价销售法"开始了他的绳索经营事业，从他偶来的巨大成功来看，这一经营战略确实奏效。

秉承同样理念的日本人松本清也创造了"牺牲商法"，他将当年售价为200日元的膏药以80日元的低价卖出。膏药卖得越多，亏损就越大，但整个药店的经营却有了很大起色。因为，买膏药的顾客大都还会买其他药品，而其他药品却是不让利的。松本清的做法使消费者对药店产生了一种信赖感，于是药店的生意越来越红火。

兵法中有一招是以退为进。作战如治水一样，须避开强敌的锋头，就如疏导水流；对弱敌进攻其弱点，就如筑堤堵流。退是策略，进才是目的。

"欲擒故纵"使对方自动上钩

一位客户正欲购买一套音响设备，但由于品种规格太多，加上经济能力有限，一时也难以决断。当他徘徊不定时，推销员看穿了他的心思，对他说："我看得出您很想买套音响，但不可否认这些东西的价格都很昂贵，必须经过慎重考虑后才能决定。您也不妨再到其他商城看看比较一下，这对您是有利的，俗话说货比三家不吃亏，所以还是慎重些为好。"

这位客户虽然真的去其他商城进行了观察和比较，但最终还是回到这家商城，毫不犹豫地购买了一套音响。

有一天，一位推销员来兜售一种炊具。他敲开了安徒生先生的门，安徒生的妻子开门请推销员进去，说："我先生和隔壁的史密斯先生正在后院，我和史密斯太太愿意看看你的炊具。"

推销员说："还是请你们的丈夫也到屋子里来吧，我保证他们也会喜欢我的产品。"于是，两位太太"硬逼"着他们的丈夫也进来了。推销员做了一次极其认真的烹调表演，然后又用安徒生太太家的炊具煮，以作比较。这给两位太太留下了深刻的印象，但男人们显然对这种表演毫无兴趣。

一般的推销员如果看到两位主妇有买的意思，一定会趁热打铁，鼓动她们买,但这样做还真不一定能把产品推销出去。因为越是容易得到的东西,人们往往不觉得它珍贵,而得不到的才是好东西。这位聪明的推销员深知这个道理,他决定采用"欲擒故纵"诱导术。

推销员洗净炊具,包装起来,放回到样品盒里,然后对两对夫妇说:"嗯,多谢你们让我做了这次表演。我很希望能够在今天向你们提供炊具,但今天我只带了样品,你们以后再买吧!"说着,推销员起身准备离去。

这时,两位丈夫立刻对那套炊具表现出了极大的兴趣,他们都站起来,想知道什么时候才能买到。

安徒生先生说:"请问,现在能向你订货吗?我确实有点喜欢那套炊具了。"

史密斯先生也说道:"是啊,你现在能提供货品吗?"

推销员真诚地说:"两位先生,实在很抱歉,我今天确实只带了样品,而且什么时候发货,我也无法知道确切的日期。不过请你们放心,等能发货时,我一定尽力安排。"

安徒生先生坚持说:"哦,也许你会把我们忘记了,谁知道啊?"

这时,推销员感到时机已到,就自然而然地提到了订货事宜,于是说:"噢,也许……为保险起见,你们最好还是付一下定金吧,一旦公司能发货就给你们送来。"

"哦,那好吧。"两对夫妇很痛快地就答应了。

"欲擒故纵"法,虽不同于开门见山、直奔主题的推销方法,但不要采取欺骗或诱骗,它只是一种营销手法,随机应变地运用这种方法,可掌握成交的主动权。

1.摆出机不可失的架势

"还得考虑四五天。"

"哦!是真的吗?我知道啦。不过,四五天以后我还要忙于开拓新的市场,恐怕您就没有这份运气哦!"

一边说一边整理说明资料,摆出一副惋惜的神情。

2.限量,物以稀为贵

顾名思义就是对所有商品的数量进行限定。

"这件艺术品很珍贵。"

"我们不想让它落到附庸风雅、不懂装懂的人手里，那些只有钞票的人，我们根本不感兴趣。只有像您这样真正有品位、特爱艺术、懂得艺术的人，才有资格拥有这么出色的艺术珍品。"

但采用这一做法时，一定要掌握分寸，千万不能给人以粗暴无礼或欺骗的感觉。

逆反心理

我们在平常处理人际关系的时候，一方面要避免引起他人的逆反心理，以便避免人际关系中的"死穴"；另一方面还要学会"刺激"他人的逆反心理，引起他人的好奇心，让他人产生强烈地与你做朋友的愿望。总之，要从正反两个方面调动他人的积极性，使自己更受关注。

某公司经理的私家车已经用了很多年，经常发生故障，已经不能再用了，他决定换一辆新车。这一消息被某汽车销售公司的推销员得知，于是很多的推销员都跑到经理这里向他推销轿车。

每一名推销员来到经理这里都是在滔滔不绝地介绍自己公司的轿车性能多么好，多么适合他这样的公司老板使用，甚至还诋毁说："你的那部老车已经破烂不堪，不能再使用了，否则有失你的身份。""想想你的老车的维修费已经花了多少吧，相比来说还是购买一部新车更划算。"这样的话让该公司经理心里特别反感和不悦，本来决定买车的，现在反而觉得还是自己的老车比较好。

推销员的不断登门，让经理感到十分烦躁，同时也增加了他的防御心理。他想，哼，这群家伙只是为了推销他们的汽车，还说些不堪入耳的话，我就是不买，才不会上当受骗呢。

不久，又有一名汽车推销员登门造访。经理想，不管他怎么说，我就不买他的车，坚决不上当。可是这位推销员并没有特意兜售他的轿车，而是对经理说:"我看您的这部老车还不错,起码还能再用上一年半载的,现在就换未免有点可惜,我看还是过一阵子再说吧!"说完给经理留了一张名片就主动离开了。

这位推销员的言行和经理所想象的完全不同,而自己之前的心理防御也一下子失去了意义,因此逆反心理也就消失了。他还是觉得应该给自己买一辆新车,于是一周以后,经理拨通了那位推销员的电话,并向他购买了一辆新车。

通常,人们在做任何事情时都会有自己最初的欲望和想法,也会通过自己的分析、判断做出决定和选择,而不希望受到别人的指使或者限制。

当一个人想要改变另一个人的想法和决定的时候,或者要把自己的意念强加给对方的时候,就会引起对方强烈的逆反心理,进而对方会采取和他相反的态度或者言行,以维护自己的自尊、信念以及自我安全。从某种意义上说,逆反心理其实是人们的一种自我保护,是为了避免自己受到不确定因素的威胁而树立的一种防范意识。

逆反心理几乎是人人都有的行为反应,差别只在于程度不同而已。

逆反心理会有以下几种表现形式:

(1)反驳。往往会故意针对你的说辞提出反对意见,让你知难而退。

(2)不发表意见。在你苦口婆心的介绍和说服的过程中,他始终保持缄默,态度也很冷淡,不发表任何意见。

(3)"高人一等"的作风。不管你说什么,他都会以一句台词应对,那就是"我知道",意思是说,我什么都知道,你不用再介绍。

(4)断然拒绝。比如销售人员向客户推荐某件商品时,客户会坚决地说:"这件商品不适合我,我不喜欢。"

逆反心理常常会使说服者陷入尴尬的境地,但是对逆反心理的应用,却又可以激发对方的欲望。

找到对方关注的中心问题"重复谈论"

找到他人内心最看重的东西,然后进行重复谈论。你可以一遍又一遍地重复这一点,以突破对方的心理防线。

一位房地产销售代表带着一对年轻的夫妇去看房子。这个房子的装修不是太好,许多人来这看过,都没有下定决心要买。但是当他们在房前停下来的时候,女主人的视线穿过房子,发现在后院有一棵樱桃树。

她立刻叫了起来:"啊,当我还是一个小女孩的时候,我家的后院也有一棵开花的樱桃树,于是我想,以后我也要住在一个有开着花的樱桃树的房子里。"

当丈夫挑剔地看着房子,他说的第一件事是:"看起来我们得把这个房子的地板换一下。"

销售代表说:"是的,没错。不过在这个位置,只需要一瞥,你就能穿过餐厅看到那棵漂亮的开着花的樱桃树。"

那位女士立刻从后窗看出去,看着那棵樱桃树,她微笑起来。他们走进厨房,丈夫说:"厨房有点小,而且煤气管什么的有些旧。"

销售代表说:"是的,不错。但是当你做饭的时候,从这里的窗子望出去,仍然可以看到后院里的那棵美丽的开着花的樱桃树。"

接着,他们又上楼看了其余的房间。丈夫说:"这些卧室太小了,壁纸也太花了,房间都需要重新粉刷才行。"销售代表说:"是的。不过你没有注意到,从主卧那里,你们可以将那棵开着花的樱桃树的美景尽收眼底。"

那位女士对有樱桃树那套房子实在是太喜欢了,以至于她不再提议看其他的房子了。夫妇俩最后购买了那套房子。

夫妇俩之所以会这么快做出这个购买决定,是因为那个销售员察觉出了客户最感兴趣和最关心的重点——那开花的樱桃树,从而利用这一点对女主人进行反复刺激。

在你进行的每一件事情中,都有一棵"开花的樱桃树",抓住这个最强有力的成交要素。这个策略称之为"特点攻略"。

不管是通过提出问题还是仔细观察,你都要想办法确定"热点"。比如,以销售笔记本电脑来说,假如我们的笔记本电脑上有红外线接口,而其他电脑没有红外线接口,那这一点虽然是产品特色,但也不会对客户的购买决策产生太大的影响。所以,当营销人员在与客户打交道时,需要了解客户感兴趣的点在哪里。如果正巧客户的中心兴趣就落在红外线接口上,那就可以重点强调产品的这一特色,成交就容易了。

"声东击西"也是一种营销策略

虽然一开始就决定好了推荐目标,却不露声色,甚至推荐别人可能不会选择的目标,结果别人却优先选择了你最想推销的那一目标。

一位营销员,推销的是某品牌的红酒。向顾客推销时,他通常会遵循一定的顺序,由高档到中档,最后到低档。先介绍高档红酒时,他会说:"这是咱们公司顶级的红酒,贴有传统的古典酒标,挺有贵气。"介绍中档红酒时,他会说:"这是第二等级的红酒,也相当不错,清新宜人。"

然后,他向顾客劝说:"我觉得你应该买这款顶级的红酒……"顾客一听,常常会说:"太贵了,我还是买别的吧。"结果,大多数的顾客都会选择中档的红酒。

这时候,这位营销员又会说:"你真有眼光,这是最聪明的选择,要知道,这款性价比是最高的。"顾客一听,感觉很满意,掏钱也爽快了。

其实,该营销员一开始最想推销的就是中档红酒,那么,他为什么不力荐中档红酒呢?

因为,该营销员揣摩透了顾客的心理。任何一位顾客买东西,对营销员或多或少都有一些戒备心。顾客总是担心,其推荐的产品是利润最高的或者卖不动的。因此,往往会出现这样的状况,营销员推荐什么,顾客偏偏不买什么。

这位红酒营销员恰恰是懂得了顾客的这一心理,于是反其道而行之,虽然一开始就决定好了推荐目标,却不露声色,甚至反而推荐顾客可能不会选择的商品。结果,顾客中了计,选择了营销员最想推销的那一款,还自鸣得意地认为:"这东西没问题,是我自己决定的。"或"营销员都不得不承认我有眼光,看来我真是选对了。"

一位床垫推销员,就是采用这种策略,提高了推销的成功率。她先让顾客看最便宜的床垫,然后说:"这是比较差的一种。"当然,顾客通常会表示拒绝。一般的顾客买床垫,都希望能用上十年八年,宁可多花点钱买更好的。不过,听推销员这么一推荐,顾客心想"这营销员还不错,不是光给我推荐贵的",于是,防范心理就没了。

这时候,这位床垫推销员再让顾客看价格较高的一款,介绍说:"如果选用这种床垫,可以保用20年。虽然价格贵一点,但是经久耐用,所以算起来还是很合适的。"顾客点点头。然后,她再让顾客看价格最高的一款,介绍说:"这是最贵的,做工精细,用30年都没有问题。"结果,顾客选择了中档价格的床垫,而这款,恰恰是营销员原本想推荐的。

使用"声东击西"这一策略的根本目的,往往是要"掩盖"真实的企图。比如"围魏"的真正目的是为了"救赵","项庄舞剑"实际"意在沛公"。

对营销人员来说,这种策略算是一箭双雕,往往能推销出自己的目标商品,又能让顾客满意。

那么,为了消除顾客的戒备心理,在推荐商品的顺序方面,是不是还有一定规则呢?

1.介绍商品时应该遵守一定的价格顺序,但不是所有的商品都要遵循同样的顺序。比如,耐久性的消费品与不强调耐久性的消费品相比,就有所不同。

2.要介绍耐久性的消费品,比如家具或电器等,应采用从低价格开始逐渐到高价格的产品展示法。介绍日用品、化妆品等对耐磨性要求不高的消费品时,则应采用从高价格开始逐渐到低价格的产品展示法。

3. 一般人选择耐久性的消费品时,最看重的是产品的性能与品质,因此,他们一般舍得在这些商品上花钱,喜欢买贵的。因此,从低价格开始逐渐到高价格的产品展示法容易消除顾客的戒心,同时,自行做出购买的决定也会让顾客有极强的满足感。

1.3 施加"压力",制造成功的良机

公元前283年,秦昭襄王派使者带着国书去见赵惠文王,说秦王情愿让出十五座城来换赵国收藏的一块珍贵的"和氏璧",希望赵王答应。

赵惠文王就跟大臣们商量,要不要答应。要是答应,怕上秦国的当,丢了和氏璧,拿不到城;要不答应,又怕得罪秦国。议论了半天,还是不能决定该怎么办。

当时有人推荐蔺相如,说他是个挺有见识的人。

赵惠文王就把蔺相如召来,要他出个主意。

蔺相如说:"秦国强,赵国弱,不答应不行。"

赵惠文王说:"要是把和氏璧送了去,秦国取了璧,不给城,怎么办呢?"

蔺相如说:"秦国拿出十五座城来换一块璧玉,这个价值是够高的了。要是赵国不答应,错在赵国。大王把和氏璧送了去,要是秦国不交出城来,那么错在秦国。宁可答应,叫秦国担这个错儿。"

赵惠文王说:"那么就请先生上秦国去一趟吧。可是万一秦国不守信用,怎么办呢?"

蔺相如说:"秦国交了城,我就把和氏璧留在秦国;要不然,我一定把璧完好地带回赵国。"

蔺相如带着和氏璧到了咸阳。秦昭襄王得意地在别宫里接见他。蔺相如把和氏璧献了上去。

秦昭襄王接过璧,看了看,挺高兴。他把和氏璧递给美人和左右侍臣,让大伙儿传着看。大臣们都向秦昭襄王庆贺。

蔺相如站在朝堂上等了老半天,也不见秦王提换城的事。他知道秦昭

襄王不是真心拿城来换璧。可是璧已落到别人手里,怎么才能拿回来呢?

他急中生智,上前对秦昭襄王说:"这块璧虽说挺名贵,可是也有点小毛病,不容易瞧出来,让我来指给大王看。"

秦昭襄王信以为真,就吩咐侍从把和氏璧递给蔺相如。

蔺相如一拿到璧,往后退了几步,靠着宫殿上的一根大柱子,瞪着眼睛,怒气冲冲地说:"大王派使者到赵国来,说是情愿用十五座城来换赵国的璧。赵王诚心诚意派我把璧送来,可是,大王却并没有交换的诚意。如今璧在我手里。大王要是逼我的话,我宁可把我的脑袋和这块璧在这柱子上一同砸碎!"

说着,他真的拿着和氏璧,对着柱子做出要砸的样子。

秦昭襄王怕他真的砸坏了璧,连忙向他赔不是,说:"先生别误会,我哪儿能说了不算呢。"他就命令大臣拿上地图来,并且把准备换给赵国的十五座城指给蔺相如看。

蔺相如想,可别再上他的当,就说:"赵王送璧到秦国来之前,斋戒了五天,还在朝堂上举行了一个很隆重的仪式。大王如果诚意换璧,也应当斋戒五天,然后再举行一个接受璧的仪式,我才敢把璧奉上。"

秦昭襄王想,反正你也跑不了,就说:"好,就这么办吧。"他吩咐人把蔺相如送到客栈去歇息。

蔺相如回到客栈,叫一个随从的人打扮成买卖人的模样,把璧贴身藏着,偷偷地从小道跑回赵国去了。

过了五天,秦昭襄王召集大臣们和他国在咸阳的使臣,在朝堂举行接受和氏璧的仪式,叫蔺相如上朝。蔺相如不慌不忙地走上殿去,向秦昭襄王行了礼。

秦昭襄王说:"我已经斋戒五天,现在你把璧拿出来吧。"

蔺相如说:"秦国自秦穆公以来,前后二十几位君主,没有一个讲信义的。我怕受欺骗,丢了和氏璧,对不起赵王,所以把和氏璧送回赵国去了。请大王治我的罪吧。"

秦昭襄王听到这里,大发雷霆,说:"是你欺骗了我,还是我欺骗了你?"

蔺相如镇静地说:"请大王别发怒,让我把话说完。天下诸侯都知道秦是强国,赵是弱国。天下只有强国欺负弱国,绝没有弱国欺压强国的道理。大王真要那块璧的话,请先把那十五座城割让给赵国,然后打发使者跟我一起到赵国去取和氏璧。赵国得到了十五座城以后,绝不敢不把璧交出来。"

秦昭襄王听蔺相如说得振振有辞,不好翻脸,只得说:"不过是一块璧,不应该为这件事伤了两家的和气。"结果,还是让蔺相如回赵国去了。

蔺相如回到赵国,赵惠文王认为他完成了使命,就提拔他为上大夫。秦昭襄王本来也不存心想用十五座城去换和氏璧,不过想借这件事试探一下赵国的态度和力量。蔺相如完璧归赵后,他也没再提交换的事。

如果蔺相如不是在发现秦王并无意用十五座城池来换和氏璧后找借口要回和氏璧,并威胁秦王如果硬抢将会人玉俱毁,估计和氏璧再也不会回到赵国;如果蔺相如不是巧借方法向秦王施压,恐怕连性命都堪忧,哪还能顺利的完璧归赵呢。

"最省力"的"压力"——"顺水推舟"的阻力最小

当你进行说教或演讲时,一定会有人提出不同的看法,甚至理直气壮地对你提出反对意见。

此时,你千万不要立刻毫不客气地反击,因为以这种正面交战的语言策略来反应是不会有好结果的,反而会使双方闹僵,让自己失去风度,也下不了台。

因此,当你遇到这种情况时,必须先重视对方的问题,而且要表现出认为对方这个问题好像很严重的样子,不能草率应答,一定要找时间来研究。用这种战术让对方感到受宠若惊,甚至感到事态不妙,也就不好再坚持下去了。

如此一来,你不但保住了形象和风度,也让对方"知难而退",这才是一个没有副作用或杀伤力的完美攻心策略。

美国有家生产乳制品的大工厂,某日来了一位怒气冲天的顾客,顾客不客气地对厂里的负责人说:"先生,我在你们生产的乳制品中发现一只活苍蝇,我要求你们赔偿我的精神损失。"之后这位顾客提出一个天文数字的赔偿数目。

在美国,像这种乳制品生产线的卫生管理是相当严格的。为了防止乳制品发生氧化反应而变质,生产厂家每次都要将罐内所有的空气抽出,然后灌入一些无氧气体后再予以密封,在这种严苛条件下生产出的乳制品,根本不可能会有活的苍蝇在里面。

由于这个事件关系到公司的商誉,这位工厂负责人不好立即揭穿那人的骗局,只是很有礼貌地请他到会客室里。那位顾客边走还边破口大骂。

当这位顾客第三次提出抗议并要求赔偿时,负责人很有风度地为对方倒了杯水,然后慢条斯理地说:"先生,看来真有你说的那么回事,这显然是我们的错误。你放心,你会得到合理的赔偿。由于这个问题事关重大,我们绝对不会忽视的。这样吧,你稍等一下,我马上命令关闭所有的机器,以查清错误的来源。因为我们公司有规定,哪一个生产环节出现失误,就由哪个环节的负责人来负责。待我把那位失职的主管找出来,让他给你赔礼道歉。"

说完后,负责人一脸严肃地命令一位工程师:"你马上去关闭所有的机器。虽然我们的生产流程中不应该会有这种失误,但这位先生既然发现了,我们就有义务给顾客一个满意的答复。"

这位顾客本来只是想用这个借口来诈骗一些钱,但他没有想到自己的话会引起如此严重的后果,顿时担心自己的花招被拆穿,那样一来,他就会被要求赔偿整个工厂因停工而造成的损失,那么即使他倾家荡产也赔不起。于是他开始感到害怕,并且嗫嚅道:"既然事情这么复杂,我想就算了,只是希望你们以后不要再发生类似的事情。"就这样,他给自己找了一个理由想拔腿便走。

那名负责人叫住他,诚恳地对他说:"感谢您的指教,为了表示我们的感激,以后您购买我们的食品均可享受八折优惠。"

这位顾客没想到会因此得到意外收获,从此他便成了这家公司的义务宣传员,让更多的人肯定这家公司产品的品质。

上述案例中,那位高明的工厂负责人不仅掌握了对方的心理,用"攻心"说话术揭穿了对方的骗局,而且还反过来"绑架"了那位顾客的想法,使那位顾客从此以后成为公司最有效的广告宣传员。工厂负责人用的就是"顺水推舟"这个策略。

会议上,经常发生两派甚至三派互相争论的情况,有时候各方各执一词,争得面红耳赤,完全失去说话者应有的风度。

一些地方选举前的辩论演说,参加者本来都是修养甚佳的人,却因为各自的观点不同而争得不可开交,甚至到最后偏离主题而转为互相侮辱、唾骂,有时候还出现大打出手的混乱场面,搞得一团糟。

事实上,在这种情况下,如你懂得适时运用"知难而退"或"顺水推舟"的说话策略,不仅可以掌控局面,还可以有很多意想不到的收获。

如果你身为某次会议发生争论的某一方的成员,你坚持要按照你方提出的方案办事,但相对另一方则坚持要由他们做主。眼看争论就要陷入僵局,此时你应该马上站出来说:"虽然我坚持要用我们的方案,但我发觉你们的方案也很有道理,我们也不是全盘否定。"

对方听到你这句似乎是肯定他们的方案,可能也会放弃争论而谦虚地说:"老实讲,你们的想法也不错。"

这时,你就可趁机说:"既然这样,我们也没有必要争论,不如大家一起来制订新的方案。"

由于你已经采取主动方式,对方也无从反对,因此在新方案中你所掌控的主导权就会比对方多一些。

高明的谈判专家绝不会用头去撞墙壁,而是选择对自己阻力最小的说话策略。让对方发现他们自己的想法有错误,对方必然"知难而退",你自然可"顺水推舟",攻进他们的"死穴"。

因此,别忘了,让敌人自己"知难而退",不花一兵一卒,是最省成本的。相对地,"顺水推舟"的阻力也是最小的。

最"不动声色"的压力——借力使力

《古今谭概》是明朝文人冯梦龙的一部笔记小说,其中记载了一篇这样的故事:

从前有一位大户人家的子弟屡试不第,被全族人鄙视。这位先生也真是不幸,科举考试好像没有他的份,尽管他有满腹经纶,却无处施展。这匹被埋没的"千里马",除了暗自叹息,也别无他法。

令人不解的是,这位先生的父亲乃是当朝内阁大学士,闻名天下,权势也极大。

最令他生气的是,他自己考不上,而他的儿子第一次参加殿试,竟然就被皇上钦点为状元。

这位先生为此饱受父亲的责备,父亲怪他丢尽全族人的脸,不但比不上须发皆白的老父,连一名黄毛孺子都超过了他。这位先生有口难辩,一直默默忍受着父亲的责骂。

有一天,这位先生的父亲又当着许多亲友的面开始数落他。他实在忍不住,便反驳他父亲说:"我的父亲是内阁大学士,你的父亲不过是一介渔夫;我的儿子是位名状元,你的儿子是久考不中的书生。你的父亲比不上我的父亲;你的儿子又比不上我的儿子。那就是说你尚差我一截,为什么整天骂我是不孝子呢?"

那位内阁大学士听了这番申冤辩白的话语,忍不住哈哈大笑,从此再也不责备他的儿子。

这位内阁大学士的儿子虽然不能和他的父亲与儿子比名声,却是一位辩论的人才。

在这位先生与父亲的对话中,他便使用了"借力使力"的说话术,在贬对方的同时,也等于在赞扬对方。他的父亲责斥自己的儿子,他又借此反击父亲,并用自己的儿子作陪衬。另外,他以自己的父亲来对抗,使得整段辩论滑稽可笑,道理虽歪,技巧却高人一筹,终于使得其大学士父亲无法再当

众责骂他。

对那些你不方便直接批判或顶撞的人,倒是很适合用这种借对方的力来打对方的"策略"。笑着打对方一巴掌,而且人家还不会生气。

打个比方,你正和客户讨论产品的品质问题,对方突然发表意见,说他们的产品是经无数次实验后的专利产品,根本不会有品质不合格的问题。

如果你这时想反驳他,最好不要用什么资料或权威人士的检验结论来驳斥,你只需说:"您说得不错。但我们在使用过程中,产品的确发生了故障,而且我们的操作方法完全是依照说明书上的指示。我绝对相信您公司编写的说明书应该也是毫无瑕疵的,但这又该如何解释呢?"

这时,对方一定会无话可说,但也无法对你发脾气。

最"婉转"的压力——让对方自愿走进"陷阱"无法自拔

阿凡提是维吾尔民族传说中的神奇人物,他以风趣和机智著称。他经常运用诱导的语言技巧,替平民百姓伸冤出气,惩治那些贪心的巴依(相当于古代汉民族中的财主),让他们顾此失彼,吃尽苦头。至今还有不少维吾尔人把阿凡提当做他们的救世主。

据说有一天,阿凡提到一位以吝啬贪婪闻名的巴依家去借锅子,那巴依当然不肯,最后是把阿凡提的小毛驴留下做抵押,才让他拎锅子出门。

第二天,阿凡提准时来还锅子,并且还带着一只小锅。巴依好奇地问:"阿凡提,你带这个小锅子来干嘛?"

阿凡提故作神秘地说:"老爷,你昨天借给我的锅是一只怀了孕的锅,今天早上我到你这儿来的时候,它刚好生了一只小锅,所以我一并带来还给你啦!"

巴依当然不信锅子会生孩子,他还以为阿凡提是个蠢货。为了得到这只小锅,巴依装模作样地说:"是啊!是啊!我昨天借给你锅子时,它正怀着孕呢!"然后让阿凡提牵走了小毛驴,并假装慷慨地说:"阿凡提,今后不管你要借什么东西,都尽管来借好了。"

从此以后,阿凡提每借一次东西,都会依样还给巴依一件小东西。巴依笑得合不拢嘴,心里却不停地嘲笑阿凡提。

过了半个月,阿凡提愁眉苦脸地对巴依说:"巴依老爷,我的母亲生病了,我想借你那口祖传的金锅去给母亲煎药。"

巴依一想到过几天就有两只金锅到手,便不顾一切,急忙把金锅借给阿凡提。

谁知这次阿凡提过了很久都没来还锅子,巴依等得不耐烦,决定亲自上门去讨回来。正准备出门,阿凡提急匆匆地跑进来,上气不接下气地说:"巴依老爷,不好啦!你借给我的那只金锅难产死了!"

巴依大吃一惊,瞪起眼骂道:"放屁,锅子怎么会死呢?"

阿凡提立即提高声音说:"巴依老爷,你既然相信锅子会生小孩,那它为什么不会死呢?"

贪心的巴依被自己的无知和贪婪弄得哑口无言,不仅失去珍贵的东西,而且还成为大家的笑柄。

聪明的阿凡提显然算得上是高明的说话大师。他先摸清对方的性格特点,然后欲擒故纵,诱使对方犯下错误,最后将他轻易地驳倒。

1.4 制造悬念,事先搭好舞台"让"对方上场

人的行为,不仅受理智的支配,也受情感的驱使。所谓激将就是要用话使别人放弃理智,凭一时感情冲动去行事。

运用激将法一定要因人而异,要摸透对方的性格脾气、思想感情和心理。对那些老谋深算、富于理智的"明白人",不宜使用这一方法,因为他们根本不会就范。对自卑感强、谨小慎微和性格内向的人,也不宜使用此法,因为这些人会把那些富于刺激性的语言视作奚落和嘲讽,因而消极悲观,

丧失信心，甚至产生怨恨心理。

运用激将法，要掌握好刺激的火候。火候太过，会给对方造成一定的心理压力，诱发出逆反心理，对方会一味地固守其本来的立场、观点；火候不足，语言不疼不痒，又激发不起对方的情感波动。

制造假设"……你的问题是不是就在这里？"

很多时候，你想要获得一些你需要的信息，需要先制造一个"假设"……

比如吴军就掉进了老婆设下的陷阱。

公司派他去杭州出差，刚住进宾馆，他就接到了老婆的电话："老公，大事不好，今天咱们小区混进了几个贼，咱家也被光顾了。"他跳了起来，问："丢东西了吗？有没有报警？""家里被翻得乱七八糟，衣橱里的1000块钱没了。""还丢了什么东西？""我正在清理，警察下午来看过了。"老婆听出了他的焦急赶紧安慰他："好在那几个贼已经被警察抓住了，现在让各家尽快报失窃清单去。"

吴军松了一口气，赶快命令老婆："快去看看床头挂的那张结婚照。里框后面有一个用双面胶粘住的红包。"老婆搁下电话，两分钟后，问："我把画框取下来看了，什么也没有。"如此神仙难料的地方都能找到，看来今天遇到的绝不是普通的蟊贼。他赶紧叫老婆再去卫生间看看："马桶水箱靠墙那面有条缝，塞了一个塑料袋，你看看还有没有。"十分钟后，老婆打来电话："没有，是不是你记错了地方？"

吴军焦急地说："不可能。出差前我还检查过。整整6000块钱，全是连号的百元新钞。那是去年我从公司发给我的技改奖里扣下来的。"

"就这些了吗，还有没有忘记的？"老婆在电话里追问。"没有了，只有这6000块钱。你一定要把那些钱的特征跟警察讲清楚。"他提醒老婆。过了几秒钟后听到老婆冷笑道："好的。我感谢你在本次家庭防盗演习中的出色表现。你的小金库的这6000块钱回来后再细细算账。"吴军听完后差点儿晕过去。

这就是"急转法"。运用这样的谈话艺术,关键在于局要设得巧妙。

另外还有"慢转法"。请看下面这段汽车销售员和顾客的对话:

"您喜欢两个门的还是四个门的?"

"哦,我喜欢四个门的。"

"您喜欢这三种颜色中的哪一种呢?"

"我喜欢黄色的。"

"要带调幅式的还是调频式的收音机?"

"还是调幅式的好。"

"您要车底部涂防锈层吗?"

"当然。"

"要染色的玻璃吗?"

"那倒不一定。"

"车胎要白圈吗?"

"不,谢谢。"

"我们最晚可以在5月8日交货。"

在引导客户做出了一系列小决定之后,这位推销员递过来订单,轻松地说:"好吧,先生,请在这儿签字,现在您的车子就可以投入生产了。"

在这里,销售人员所问的一切问题都假定对方已经决定买了,只是尚未定下来买什么样的而已。顾客在被动中被销售员一点点引导,最终在自己主观意愿并不是很强的状况下买了这部车子。这位销售员完全掌握了谈话的主动权。

这是一种"慢转"的策略,它的诀窍在于"步步深入"。你可以通过以下方式对客户进行询问:"……就是说,是否……"然后,话锋一转,以便引导他进一步表示意见或发言。"……你的问题是不是就在这里?"——迫使对方下结论,或者使他重新考虑。

制造"反刺激"——柳暗花明又一村

对有些人,只要动之以情,晓之以理,以诚相待,就能打动他;但在同样情况下,另外一些人可能"敬酒不吃吃罚酒",你磨破嘴皮,他就是不答应你的请求,此刻如果你改变策略,突然给他一个强烈的反刺激,用超常的手段去激励他,说不定会"柳暗花明又一村"。

张仪因久不得志,穷困潦倒,一日到苏秦府上拜见苏秦。好几天后,苏秦才出来见他,并只让他坐在家仆们坐的堂下,仅赐给仆妾们吃的饭食,而且还几次故意责备张仪,说他穷酸,不想和他打交道。张仪听后气愤不已,离开了苏秦,前往秦国。

在张仪去秦国的途中,却有一个素不相识的人与他结伴同行,并送给他许多金钱。张仪到达秦国后,依靠陌生人资助的钱财得以拜见了秦惠王,并很快被秦惠王拜为客卿。这时,那位同伴向张仪告辞要走了。张仪问其缘由,那人说:"我并不了解你,真正了解和关心你的是苏君(即苏秦)。他当时担心秦国伐赵而使'合纵抗秦'的计划破产,认为只有你才有能力去左右秦国的国策,所以他当时用语言刺激你,使你来到秦国。而后又私下派我跟着并接近你,供你给用。现在你已被秦王聘用,我就算完成了任务,该回去告诉苏君了。"张仪听后大为感慨。张仪后来凭他的智慧和才能,说服秦王,使秦军15年未越函谷关一步,为苏秦的"合纵之策"赢得了很高的声誉。

可见激将方式只要使用得恰到好处,适时适度,效果是妙不可言的。激将法有两种方式:

一种是直接刺激。这种方法通过故意贬低对方,看不起对方,说对方不行,借以激起对方求胜的欲望,使其超水平发挥自己的能力,从而达到我们的目的。

当马超领兵攻打葭萌关时,诸葛亮告诉刘备,只有张飞、赵云二人是马超的对手。刘备建议让张飞去迎战。诸葛亮说:"主公先别说话,让我去激激翼德。"

二人已在谈话间,张飞主动请缨去迎战马超,诸葛亮却假装没有听见,只是对刘备说:"马超智勇双全,无人能敌,除非往荆州唤云长来,方能对敌。"

张飞说:"军师为何小瞧我?我曾经一人独对曹操百万大军,难道还畏惧马超这个匹夫?"

诸葛亮笑着说:"你在当阳拒水断桥,是因为曹操不知虚实,他若知道虚实,你岂能占到便宜?马超英勇无比,他渭桥之战差点杀了曹操,我看就是云长来了也未必能胜得了他。"

张飞说:"我现在就去取马超项上人头,如若不胜,甘当军令。"

诸葛亮见激将法起了作用,便顺水推舟地点头答应了。张飞得令,与马超在葭萌关下酣战了二百多个回合。当时虽未决出胜负,却使马超产生了敬畏之心,几天后,率众归顺了刘备。

另一种是间接刺激。它以张扬、称赞他人他物的方式,间接贬低对方,以激发对方压倒、超过第三者的决心,从而为我所用。

还是诸葛亮的故事。曹操北定中原、举兵南下时,刘备派诸葛亮去吴国拜见孙权,游说吴国与蜀国两家合力抗魏。诸葛亮深知,如果直接要求吴蜀联兵,一定会使孙权以为刘备有求于他,事情会不好办。最好的方法是用激将法激他。

诸葛亮在柴桑见到孙权后,说:"我看曹操兵多势众,东吴这弹丸之地,根本不是对手,将军何不向曹操投降称臣,以求暂时的安宁?"孙权听了很不高兴,反问诸葛亮,为什么刘备不向曹操投降称臣?诸葛亮回答道:"古代的田横仅仅是齐的壮士,尚能守义不辱,何况我主是帝王之后,盖世英才,岂能屈居奸贼屋檐之下?"诸葛亮这一招果然管用,孙权最终同意孙刘联盟,共抗曹操。而诸葛亮也就此圆满完成了出使江东的使命。

巧用激将达目的

小强是每天都处于开心状态的一个小男孩儿。在他身上,你往往不知道什么叫烦恼、忧愁。他上课反应敏捷,思维跳跃很大,是一个很捧你场的学生。但往往老师上课设置的悬念、准备的思考题都被他一语道破,而其余同学只能"坐享其成"。基于此,小强有些沾沾自喜,从不或很少做作业,而且每次都有很充分的理由。课下老师就去问小强周围的同学,他们都说,小强经常自夸道:"我不做作业,照样比你们好。"

如果小强一个不做作业就能轻松地获得好成绩的学生,那老师也就不用在他的身上花太多的心思了,但是真的是这样的吗?

小强的数学成绩总是在优秀左右徘徊,偶然能到一百零几分,但从未考到过第一,总名次在班里从未进过前十名。这样一个聪明的孩子就让他满足于现状,就等于停滞不前了,而他的老师当然也不忍心看到他这样聪明的孩子就这样安于现状。于是老师先找小强谈了几次话,但收效甚微。最后那个老师就决定采用"激将法"来对付他。

小强还是像以前一样没有按时完成作业,而他的老师却没有像以前那样饶了他。老师把他叫到办公室后,对满脸不屑的小强说:"你认为你真的有那么优秀吗?你的数学成绩在班里是中下游。你看看你周围的同学,有几个是比你弱的?虽然你上课回答问题很出色,但别人是深藏不露,不动声色。不要以为你能回答对问题就是你最优秀,如果真是如此,为何不能用成绩证明?"经过这次谈话,小强的成绩有了非常大的提高,而且在最后的期末考试当中,他还进入了前十名。

所以说,在有必要的时候就需要巧用激将法达到某个人的目的。

当然一个领导者也可以使用这种方法,让下属依照自己的意愿去完成任务。成功的领导者应做到:要使部属(并非受到了上司的命令)是基于本身的意愿去完成任务。的确,这是命令的最高境界。有的人认为,上司就是要下达指令的,下属就是要服从指令的。话虽不错,但下属的执行效果呢?会不会因此而大打折扣?

作为一个下属,即使你想要往右前进,但是如果上司命令你向左前进时,你也只能是服从——没有办法,他是上司。如果上司不需要下达命令就能使下属明白应该向左走,就可以说这是最理想的状态了。管理者要想达到如此境地,需修炼很长时间。

就像是在这种状态下,属下必须是积极的、意志高昂的,并且能够超常发挥平时能力,而达成你的要求。属下因而得到了充实感和满足感,即使工作迫在眉睫,也能从容不迫地完成任务。那么如何才能达到如此完美的境界呢?

让你的部属有责任感:安排任务时,你可以对下属说:"这件工作拜托你了,希望你能好好地完成它,大家都拭目以待。"如此,部属会深受感动,并且努力振作,全心投入工作。此方法对所有的部属都适用。任务交给谁做,你在选人之前肯定都是考量过的。主动性不强或是喜欢表现自己的部属,用此方法激励他,你就会得到满意的结果。

激起部属的英雄气概:一个问题的解决方案你已胸有成竹,想让某某部属主动承担,你与他商讨时,故装出难办的样子说:"这个问题不知道该如何解决,真伤脑筋,你有没有什么好点子?"此时若部属说:"如果这样办应该可以……"如果部属的想法与你的想法相吻合或是差不多,你要乘势追击,并诱导他,"这是个好办法,这件事就交给你办喽!"你还可以就此做点儿补充。当然,不是所有的部属都能和你的想法一致,你要慢慢诱导他向你的想法靠拢。当对一个问题束手无策时,运用此方法效果也不错。比较沉稳的部属,用此法激将他,效果会更佳。

激将法也可以唤起部属的责任心:针对某问题假设你对部属提起,"这件工作难办,我看算了!"或是,"这件工作一定要由拿手的某某来做才行吧!"然后询问他的意见,此时若对方是个自尊心很强的人,相信他会拍胸脯说:"什么?那种工作我也可以胜任啊!"这件事很容易就敲定了。若部属欠缺魄力,你还是考虑后再做决定比较妥当。

这些方法都是为激起部属的意志力而使其听命于上司的策略,你必须认同对方的立场、想法、观念,并且给予高度的评价和信赖。基本上,这和激将法有着异曲同工之妙。

第二章 〉〉〉〉

能让任何对方心服口服的"读心策略"

現代的企业管理者们需要"读心技巧",了解员工的想法就意味着企业长青,财源滚滚……

婆婆、媳妇、老公们也需要"读心技巧",即便只能掌握皮毛,也可以助你婆媳和睦、夫妻恩爱……

人的思维非常重要,本章介绍的这些读心的技巧大家一定要谨记在心头。

2.1 不要让谎言蒙蔽了你的双眼

人人都会说谎,这是一个毋庸置疑的事实。只是谎言分真的谎言、善意谎言等。

一个五六岁的小孩,为了获得母亲的一个亲吻,为了获得一块香甜的糖果,他也可能会说上一个谎。

一个年年都是"三好生"的小学生,为了获得一次和同学去郊外野餐的机会,他会理直气壮地告诉父母,周末的作业习题他都已经完成了,而事实上他才做了一半。

一个品学兼优的女中学生,为了在周末下午和同学一起去看电影,她会红着脸告诉父母,她要和同学一块儿去买书。

一个刚毕业不久的大学生,进了一家声名显赫的大公司,感到春风得意,对着艳羡不已的朋友夸口说他一个月的薪水有多少多少,而事实上他的薪水只有他说的一半。为了面子,他撒了谎。

……

说谎的例子在生活中比比皆是。不可否认,说谎的确是人类日常生活中的一个重要的组成部分。只要稍稍留意一下,就会发现,在我们的生活中,谎言如同秋天的落叶一样,遍地都是。

在我们的社会生活环境中,诚信是社会倡导的主流价值观,说谎往往被人们认为是道德败坏、品质低劣的表现。有良知的说谎者往往会因为自己的谎言而深受良心的谴责。

但一位知名的心理学家却说:"说谎是人的一个十分重要的特点,是人类生活中不可缺少的一部分。也可以说,说谎是人类区别于其他动物的一大'本能'。"

也有研究结果表明,多数人每天大约撒两次大谎,1/3的谈话中有某种形式的假话,4/5的假话没有被发现,80%以上的人为了保住职位而说谎,60%以上的人至少对他的伴侣说过一次谎。

心理学家的研究发现,即使最常说谎的人,当他的大脑转换成假装模式时,也会有下意识的信号可以被抓住。普通人可以如同测谎仪那般,抓住说谎者的口实。

当人们叙述时不提及自身及姓名的有可能在说谎

人们在说谎时会自然地感到不舒服,他们会本能地把自己从他们所说的谎言中剔除出去。比如你问你的朋友他昨晚为什么不来参加订好的晚餐,他抱怨说他的汽车抛锚了,他不得不等着把它修好。说谎者会用"车坏

了"代替"我的车坏了"。

　　所以如果你向某人提问时,他总是反复地省略"我",他就有被怀疑的理由了。反过来说,撒谎者也很少使用他们在谎言中牵扯到的人的姓名。一个著名的例子,几年前,美国总统比尔·克林顿在向全国讲话时,拒绝使用"莫妮卡",而是"我跟那个女人没有发生性关系"。

眼睛最会泄露说谎者的秘密

　　问一个人问题,然后等他回答。问第二次,回答会保持不变。在第二次和第三次之间留一段空隙,在这期间,他的身体会平静下来,他会想,"我已经蒙混过关了"。

　　在所有的生理反应消退后,身体放松成为正常状态。当你趁他不注意再次问这个问题时,他已经不在说谎的状态中了,要么他就恼羞成怒,要么就会倾向于坦白。如果一个人说:"我不是已经和你说过这件事了吗?"然后才勃然大怒,这多半是在欺骗。他也可能对你说:"事情是这样的,我还是对你直说了吧。"

　　说谎者从不看你的眼睛,他们知道这句忠告。所以高明的说谎者会加倍专注地盯着你的眼睛,直至瞳孔膨胀。每个人都记得小时候妈妈的批评,"你肯定又撒谎了,我知道,因为你不敢看我的眼睛。"这教会了你从很小起就知道说谎者不敢看别人的眼睛,所以人们学会了"反其道而行之"以避免被发觉。实际上,说谎者看你的时候,由于注意力太集中,他们的眼球开始干燥,这让他们更多地眨眼,这是个致命的信息泄露。

　　另外一个准确的测试是直接盯着某人眼球的转动。人的眼球转动表明他们的大脑在工作。大部分人,当大脑正在"建筑"一个声音或图像时(换句话说,如果他们在撒谎),他们眼球的运动方向是右上方;如果人们在试图记起确实发生的事情,他们会向左上方看。这种"眼动"是一种反射动作,除非受过严格训练,否则是假装不来的。

过犹不及,说谎者常常会把事情描述得滴水不漏

在你的朋友身上试试,问他们两天前的晚上从离开办公室到上床,他们都做了什么,他们在叙述过程中难免会犯几个错误。

记住一个时间段的所有细节是很困难的。人们很少能记住所有发生的事,他们通常会反复纠正自己,把思绪理顺。所以他们会说,"我回家,然后坐在电视前,噢,不是,我先给我妈打了个电话,然后才坐在电视前面的。"但是说谎者在陈述时是不会犯这样的错误的,因为他们已经在头脑的假定情景中把一切都想好了。他们绝不会说,"等一下,我说错了"。不过恰恰是在陈述时不愿承认自己有错暴露了他们。

人说谎时最爱做的七个小动作

一个无心的眼神,一个不经意的微笑,一个细微的小动作,就可能出卖了你的撒谎心理。想要了解你身边的人究竟是说的真话还是谎言,就要从那些被我们所忽略的微小的身体语言入手。只要你抓住了这些小动作,你就可以在情感生活中随时了解爱人的动向,也能了解工作谈判中对方的底线。所以千万不要忽略这些身体小动作,一起来看当一个人在说谎时最爱做哪些小动作。

手势一:触摸鼻子

触摸鼻子的手势一般是用手在鼻子的下沿很快地摩擦几下,有时甚至只是略微轻触。和遮住嘴巴一样,说话者触摸鼻子意味着他在掩饰自己的谎话,聆听者做这个手势则说明他对说话者的话语表示怀疑。

美国芝加哥的嗅觉与味觉治疗及研究基金会的科学家发现,当人们撒谎时,一种名为儿茶酚胺的化学物质就会被释放出来,从而引起鼻腔内部的细胞肿胀。科学家们还揭示出人的血压也会因撒谎而上升。血压增强导致鼻子膨胀,从而引发鼻腔的神经末梢传送出刺痒的感觉,于是人们只能

频繁地用手摩擦鼻子以舒缓发痒的症状。

美国的神经学者深入研究了比尔·克林顿就莱温斯基性丑闻事件向陪审团陈述的证词，他们发现克林顿说真话时很少触摸自己的鼻子。但只要克林顿一撒谎，他的眉头就会在谎言出口之前不经意地微微一皱，而且每四分钟触摸一次鼻子，在陈述证词期间，他触摸鼻子的总数达到26次之多。

不过，我们必须牢记一点，触摸鼻子的手势需要结合其他的身体语言来进行解读。有时候人们做出这个动作只是因为花粉过敏，或是触摸鼻子的手势者为感冒。

手势二：用手遮住嘴巴

下意识地用手遮住嘴巴，表示撒谎者试图抑制自己说出那些谎话。有时候人们是用几个手指或紧握的拳头遮着嘴，但意思都一样。有的人会假装咳嗽来掩饰自己遮住嘴巴的手势。

对会议的发言人来说，如果在发言时看到有听众捂着嘴，那是最令他不安的手势之一，那表示听众认为他可能隐瞒了某些事情。遇到这种情况，就应该停止发言并询问听众，"大家有什么问题吗？"或者"我发现有的朋友不太赞同我的观点，让我们一起探讨一下吧。"值得注意的是，听众们双臂在胸前交叉的动作，与遮住嘴巴的手势有着相同的含义。

手势三：摩擦眼睛

当一个小孩不想看见某样东西时，他会用手遮住自己的眼睛。大脑通过摩擦眼睛的手势企图阻止眼睛目睹欺骗、怀疑和令人不愉快的事情，或是避免面对那个正在遭受欺骗的人。电影演员们常用摩擦眼睛的手势表现人物的伪善。

男人在做"我不想看它"这个手势时往往会使劲揉搓眼睛；如果他试图掩盖一个弥天大谎，则很可能把脸转向别处。相比而言，女人更少做出摩擦眼睛的姿势，她们一般只是在眼睛下方温柔地轻轻一碰。一方面是因为淑女风范限制她们做出粗鲁的手势，另一方面也是她们为了避免弄坏妆容。不过，和男人一样，女人撒谎时也会把脸转向一边，以躲开听话人注视的目光。

手势四：抓挠脖子

抓挠脖子的手势是：用食指(通常是用来写字的那只手的食指)抓挠脖子侧面位于耳垂下方的那块区域。我们根据观察得出的结论是：人们每次做这个手势时，食指通常会抓挠5次。食指运动的次数很少会少于5次或者多于5次。这个手势是疑惑和不确定的表现，等同于当事人在说，"我不太确定是否认同你的意见"。

当口头语言和这个手势不一致时，矛盾会格外明显。比如，某个人说"我非常理解你的感受"，但同时他却在抓挠脖子，那么我们可以断定，实际上他并没有理解。

手势五：拉拽衣领

撒谎会使敏感的面部与颈部神经组织产生刺痒的感觉，于是人们不得不通过摩擦或者抓挠的动作消除这种不适。这种现象不仅能解释为什么人们在疑惑的时候会抓挠脖子，还能解释为什么撒谎者在担心谎言被识破时，就会频频拉拽衣领。这是因为撒谎者一旦感觉到听话人的怀疑，其增强的血压就会使脖子不断冒汗。

当一个人感到愤怒或者遭遇挫败的时候，也会用力将衣领拽离自己的脖子，好让凉爽的空气传进衣服里，冷却心头的火气。当你看到有人做这个动作时，你不妨对他说，"麻烦你再说一遍，好吗？"或者"请你有话就直说吧，行吗？"这样的话会让这个企图撒谎的人露出他的马脚。

手势六：手指放在嘴唇之间

将手指放在嘴唇之间的手势，与婴孩时代吸吮母亲的乳头有着密切的关系，是潜意识里对母亲怀抱里的安全感的渴望。人们常常在感受到压力的情况下做出这个手势。

幼儿会将自己的拇指或者食指含在嘴里，作为母亲乳头的替代品；而成年人则表现为把手指放在嘴唇之间，或者吸烟、叼着烟斗、衔着钢笔、咬眼镜架、嚼口香糖等。

手势七：抓挠耳朵

小孩为了逃避父母的责骂会用两只手堵住自己的耳朵，抓挠耳朵的手势则是这一肢体语言的成人版本。抓挠耳朵的手势也有多种变化,包括摩擦耳郭背后,把指尖伸进耳道里面掏耳朵,拉扯耳垂,把整个耳郭折向前方盖住耳洞,等等。

当人们觉得自己听得够多了,或想要开口说话时,也可能会做出抓挠耳朵的动作。

抓挠耳朵也意味着当事人正处在焦虑的状态中。查尔斯王子在步入宾客满堂的房间,或者经过熙攘的人群时,常常做出抓挠耳朵和摩擦鼻子的手势,这些动作显示出他内心紧张不安的情绪。然而我们从未看到查尔斯王子在相对安全私密的车内做出这些手势。

但在意大利,抓挠耳朵的动作常被视为"女人气"的表现,甚至被当做同性恋的象征。

2.2 听声辨人,聪明的耳朵能读心

人在说话时,不是动物的怒吼,也不是一种本能的释放,而是在进行一种思想交流,同时也是心理、感情和态度的流露,其中,语速的快慢、缓急能直接体现出说话人的心理状态。

因此,仔细留意一个人说话时的语速,你就能够掌握其心理状态。

《红楼梦》中,"未见其人先闻其声"的王熙凤就是一个典型的研究对象。林黛玉初到贾府时,王熙凤是这样出场的:一语未了,只听后院中有人笑声,说:"我来迟了,不曾迎接远客!"黛玉纳罕道:"这些人个个皆敛声屏气,恭肃严整如此,这来者系谁,这样放诞无礼?"心下想时,只见一群媳妇丫鬟围拥着一个人从后房门进来。

这个人打扮与众姑娘不同,彩绣辉煌,恍若神妃仙子:头上戴着金丝八宝攒珠髻,绾着朝阳五凤挂珠钗;项上戴着赤金盘螭璎珞圈,裙边系着豆绿宫绦,双鱼比目玫瑰佩;身上穿着缕金百蝶穿花大红洋缎窄裉袄,外罩五彩

刻丝石青银鼠褂;下着翡翠撒花洋绉裙。一双丹凤三角眼,两弯柳叶吊梢眉。身量苗条,体格风骚,粉面含春威不露,丹唇未起笑先闻。黛玉连忙起身接见。贾母笑道:"你不认得她,她是我们这里有名的一个泼皮破落户儿,南省俗谓作'辣子',你只叫她'凤辣子'就是了。"

这是王熙凤的"先声夺人",而这种"先声夺人"正为我们展示了一个泼辣、敢作敢当、处事得体,但警觉性也非常高的"凤辣子"形象。可见声音大小与个人的性格有着紧密的关系。一般喜欢大嗓门滔滔不绝说话的人,是外向型性格,他似乎是怕对方听不懂他的话而故意声调调高,心理隐语为:我希望你能充分理解我。这类人支配欲较强,但大都较为正直,爱打抱不平。而说话声音小的人则比较内向,不到一定的氛围,是不会把自己内心的想法说出来的,仿佛那样大声说话就像他在众人面前被扒光了衣服一样,让其感觉不舒服。

从说话的声音高低粗细我们可以看出一个人最基本的性格特征,比如:

1.尖锐高亢的声音

此类人说话时,如唢呐或者喇叭发出的声音。他们无所顾忌地放声说话,从不在意别人在说什么,也许由于自己的声音过于尖锐高亢而听不到别人在说什么吧。此类人在心理学性格分析中属"胆汁质",浓烈而易怒。面对此类人应沉稳谨慎,表现出谦虚的态度即会获得他的好感。

2.温和舒缓的声音

像小提琴发出的小夜曲。如果是女士,则表明其慢条斯理的个性,她渴望情感表达,会根据周围的环境来表达自己的情感,如演奏小提琴般收放自如。同小提琴跟较多乐器可以合作类似,此类人很有同情心,对受困者绝不会坐视不理。如果是男士,则如大提琴般沉稳温和,表明其诚实、忠厚的个性,同时他不会趋炎附势,讨好别人,更不会听风就是雨。

3.沙哑磁性的声音

像箫一样浑厚且语调绵长。正如箫只是一人吹奏,此类人非常独立且富有个性。一般此类人在绘画、音乐等方面具有不可多见的天赋,所以他们能够敏锐地捕捉艺术灵感。正因为这样,他们也常常受人排挤,但是他们的

异性缘通常很好。对这类人,不要试图去向他们灌输自己的思想观念,否则会让他们认为你浅薄无知。

4.粗重低沉的声音

像大鼓在整个演出中的节奏掌控一样。此类人粗重低沉的声音也具有领导者的风范,其性格乐善好施,富有正义感,容易得到他人的信赖,并且交际范围甚广。如果是男士,随着岁数的增长,他们会更加受到重视,因而较容易获得事业上的成功。

5.黏人甜腻的声音

长时间听这类声音会产生不舒服感,所以没有一种乐器发出这类声音。女士发出嗲嗲的声音是想得到对方的喜爱,但是殊不知过多的黏腻也会让人感觉不舒服。如果有男士发出这样的声音,那么也许他的父母从小把他当女孩养了,造成他优柔寡断、顾影自怜的女性性格。

说话风格大变意味着情况异常

A从小就十分内向沉默,结婚后还是这个样子,有什么事都不跟老婆交流,气得老婆动不动就骂他是"锯了嘴儿的葫芦"。

可就是这么一个"闷葫芦",最近两个月突然跟换了个人似的,变得健谈了。原来老婆唠唠叨叨时他从来都不理,可现在老婆一开口,他就笑嘻嘻地跟她扯,而且还净扯些不着边际的话。

吃过晚饭后,老婆的习惯是拉着他一起看爱情电视剧,并且还特别喜欢边看边评论:"你瞧,小雪多漂亮、多善良,遇到这种美女,大亮这种老男人还不珍惜呢……"不过,这是以前的情况,现在A从来都不让老婆有评论的机会,他会想尽办法让老婆陪着他说话,而不是看电视剧。他甚至专门准备了一个小本子,上面写满了新听来的笑话或好玩的事,从吃完饭到睡觉前,他会不停地给老婆讲故事,逗老婆发笑。

对此,A老婆感到十分诧异,她一方面为A的转变感到高兴,另一方面又担心A遇到了什么事情。直到有一天,她偶然在A的手机上读到一条暧昧的短信,一切才真相大白。原来,A之所以如此,是为了封住老婆的嘴,免得她提起与爱情有关的事,以免让他不小心露出马脚。

现实生活中,上述故事中的"突然转变"其实也是时有发生的。一个木讷的小男孩,在某次考试考砸后,一到父母跟前就会不停地讲学校里的新鲜事;一个原本比较沉默的女孩子,在喜欢自己的男孩子约自己出去时,会不停地说话,甚至让对方除了附和自己,没有任何提起新话题的机会……

仔细琢磨上述种种,你一定会发现一个问题:突然由沉默变得健谈的人,往往是刚遇到了一些事情,并且这些事情均是他们不愿意再次提起的。说得再明白一点,就是他们心里有"鬼",为了不再面对这个"鬼",他们会想尽办法引开话题,把对方的思维引向别处。至于那个在喜欢自己的男孩子面前突然变得滔滔不绝的女孩子,则很可能是因为她不喜欢对方,不希望听到对方表白,以免使自己陷入一个难以推托的境地,引发双方尴尬。

看来,一个原本沉默寡言的人,忽然变得健谈,在某一场合中或某个人面前变得口若悬河,则反映了他的一些小心思——要么是想转移对方的注意力和思维方向,避免其提起某些令自己不快的话题;要么是怕对方提出自己有可能无法应付的新问题,所以以这种方式来阻止对方讲话。

但是,如果没有什么顾忌,原本沉默的人突然在某个场合中变得健谈,则多是由于该场合出现了某个特定的人或特定的事件,他想引起这个特定人物的注意,或者他对这个事件超乎寻常地感兴趣。

说话的快慢会折射出人们内心的波动

当一个人面对爱恋已久的对象时往往说话磕磕绊绊,不知所云,这是他在试图表现出最好的一面,给对方留下好印象,而越在意的事情往往就越紧张,一紧张大脑就会一片空白。这种情况下,因为紧张的头脑不能准确地形成外在的语言表征,反过来,观察一个人的语言表征,如语速的快慢等,也为我们提供了一个可直接判断他人个性特征的依据。俗话说:心直口快。一般内心直率的人不会为了说一句话而深思熟虑,而一个内向的人,因

为有自卑的心理存在,其说话的语速反而相当缓慢,总是害怕出现什么差错而显得自身的懦弱无知。

L是个口才很好又幽默风趣的人,同事们都特别喜欢跟他在一起,因为有他的地方就有笑声。但是L也有自己的烦恼,那就是一旦自己暗恋的美女同事S在场,他就会思维迟钝、说不出话。如果恰好S正在看他,他就更会面红耳赤、不知所措,甚至连最基本的逻辑和语速都不能保证。每次他都想在S面前一展自己的幽默天分,以期获得她的好感,结果总是适得其反。对自己屡屡的"临阵怯场",L真是郁闷透了。

说话速度很快的人,一般性情直率、精力充沛,同时也可能有点自我和固执;相反,说话速度很慢的人,则往往老实厚道、行事谨慎,有时甚至有谨小慎微或过于敏感之嫌。若说话速度突然由快变慢或由慢变快,则表示说话者的内心正在起着变化。

既然人们的说话速度会随着自己想要表达的情感和心情状态而发生变化,那我们就可以由说话速度的变化洞悉说话者的心理变化,揣摩探知他的心理状态。具体说来,有以下两种情况:

说话速度突然变慢

如果一个人平常说话速度很快、口若悬河,可某一刻突然支支吾吾、前言不搭后语,则很可能是对方触及了他的一些短处、弱点甚至是错误,或者就是他有事瞒着对方。说话速度的减慢反映了他底气不足、心虚、卑怯的内心状态。

但如果是正在读一篇文辞十分优美的抒情散文,或者是在回忆某件美好的事情时,则人们说话速度的舒缓、悠扬只是在体现他们对美的感受。

说话速度突然变快

如果一个人平常说话慢慢悠悠、从不着急,而在某一时刻忽然高声又较快速地说话,甚至很急迫地进行反驳,那么很可能是对方说了一些对他十分不利并且是无端诽谤的话。语速的加快表达了他内心的不满、着急和委屈。

但如果是正在读一篇富有激情的战斗檄文,或者发表慷慨激昂的演说时,人们加快说话的速度则只是为了表达自己内心强烈的情绪。

此外,如果不属于上述两种情况,平常说话慢者突然提高声音、加快速度,或者平常说话快者突然放慢语速时,则表明他们是想强调正在说的内容,希望通过语速的变化引起别人的注意。如果是在辩论会上,这种情况则属于一种"挫对方锐气,增自身信心"的策略。

有争议时,声调高的十有八九没理

某咖啡厅里,顾客们正在享受着美好的下午时光。忽然,靠窗位置的一个男人大声叫起来:"小姐,小姐,你给我过来!来看看你们的牛奶,这根本就是过期的嘛,都结块儿了还卖,白糟蹋了我的一杯红茶!"服务小姐迅速走过来,一边微笑着赔不是,一边说道:"对不起先生,我马上给您换一杯新的。"

很快,新红茶端上来了,跟前一杯一样,配着新鲜的柠檬和牛奶。服务小姐再次微笑着对那个男人说:"先生,我是不是可以建议您,如果放了柠檬,就不要再加牛奶呢?因为柠檬酸会造成牛奶结块儿,使它看起来像坏掉了似的。"说完,服务小姐便轻轻退下去了。座位上,那个男人满脸通红,只见他迅速端起茶杯,强作镇静地喝了几口,然后起身就走了。

角落里,刚才那位服务小姐的同事替她抱怨道:"明明就是他错了,居然还那么粗鲁地嚷嚷,你为啥不直接说他,给他一点颜色看呢?"服务小姐回答:"正因为他粗鲁,所以我才用委婉的方式对待他,否则不就吵起来了吗?再说,道理一说就明白了,根本用不着大声说啊。"

看完这则小故事,你是不是和我一样,顿悟了"有理不在声高"这句话的内涵呢?确实如此,声调的高低并不代表一个人有理与否。实际上,理不

直的人，常用气壮来压人，而理直的人，常用和气来交朋友。

理不直，为何声高？

人们常说"理直气壮"，意思是只要你占了理儿，说话的气势就可以很盛。但是在现实生活中，我们却常常看到相反的情况，明明是他无理，却不见"理屈词穷"之象，反而比理直的一方更加有底气，甚至气壮到了嚣张跋扈的程度。这样的人凭借着自己的"三寸不烂之舌"，把无理强扭成有理，活生生地将黑白颠倒过来，最终使得有理的一方委屈至极、无处申冤，真是"声高不一定有理"的活证据。

三个原因令无理者肆无忌惮放高声

1.为了掩饰内心的虚弱。其实，自己有理没理，他们内心是最清楚的，没理时还强辩三分，多半是强撑，以便挽回眼看就要丢失的面子，给自己找个台阶下。

2.不管他们自己有没有意识到，他们实际上是在利用人们"趋弱避强"的心理，企图以凌人之势来压倒有理的对方，获得自己不该获得的利益。

3.他们并没有意识到自己的错误，而把罪责全部推到对方的头上。

三招应对无理声高者

如果是第一种，我们完全可以报以微笑，沉默着去看他的"表演"。当他挣足了面子，或者自觉无趣时，自然会偃旗息鼓。若是遇到过分飞扬跋扈之辈，那我们不妨用低头来显示自己的修养和大度。公道自在人心，旁观者看到你占了理还低头，自会为你喝彩，对你心生敬意。换个角度来想，与人方便等于与己方便，给别人留足面子或搭个台阶，从长远来看，也是一桩绝对不亏本的"生意"。

如果是第二种，我们便要保持住自己的立场，维护自己正当的利益，不要被对方虚张声势的表面情况吓住。就像困难常用它骇人的表象来使人知难而退一样，这类人也不过是在张牙舞爪地显示"威力"罢了。事实上，如同困难一击便败一样,他们也不过是个"绣花枕头",你只要坚持立场,他们很快就会败下阵去。

如果是第三种,我们完全可以像开篇故事中的服务小姐一样,微笑以对,以平和之态点明事件关键,让无理者自己"惩罚"自己去。

在处理这类事情时,无论遇到上述哪一种人,最关键的一点是我们自己一定要保持冷静平和的态度,切不可被对方的无聊之态激怒,未战而先乱了分寸,须知对方也许正想趁你大乱之时来达到他的目的。保持冷静和清醒之态,我们才可能强化自己的优势,赢得对自己最有利的结局。

理直,何必声高?

我们常常在商场里看到这么一幕:某人因为自己所买的商品出现问题,找到服务台气愤至极地据理力争,甚至大声斥责。当然,因为他占理,最后事情可能会得到合理的解决。但问题是:第一,解决的过程可能不会让这个消费者那么舒服。因为任何人都是有尊严和脾气的,你大喊大嚷甚至出言不逊,服务人员难免会"投桃报李",对你有不满或冷漠之态。第二,即便遇到修养良好的服务人员,始终和风细雨地对你进行微笑服务,旁观者眼中的不屑或鄙夷之态恐怕也会让你不怎么畅快。你的处世方式已经透露出你不佳的修养和低下的素质,别人又怎么会对你尊敬有加呢?

这就告诉我们:如果有理,就心平气和地跟别人讲道理,不必高声大气。

当自身的正当权益遭遇损害时,勇敢维护是值得鼓励的。但即便是维权,也要讲究方式方法。俗话说"大事讲原则,小事讲风格",对一些小纠纷、小摩擦,完全可以采用平和的方式达到预想目的,毕竟大部分人还是讲道理的。如果情绪激动,认为自己占了理便可以无所顾忌、咄咄逼人,讲话跟吵架一样,甚至采取极端方式,则往往会使有理变成无理,使结果适得其反。

另外,行为是人们自身素质的最直接体现。一个人的综合素质如何,看他在日常生活中如何处理小事就足以评定了。当自身利益受到影响,需要跟他人交涉时,你的个人修养往往会在这一过程中一展无遗。俗话说"一瓶子不响,半瓶子晃荡",如果你肆无忌惮,甚至粗俗不堪,即便你赢得了"战争",也会失去人心,大大损害你在对方和旁观者心里的形象,得此失彼,这恐怕也不是你想要的结果吧?

记住,我们的目的是解决问题,而不是使问题变得更糟,更不是制造新的问题。因此,即便理直,也不必过分气壮,不需要跟别人大喊大嚷地理论,毕竟委婉地说出问题更容易让人接受,更利于问题的解决。更何况"骂人先输五分理",我们何必于胜券在握时自造不利局势呢?所以,还是避免"叫嚣式"的讲理套路,做一个广受尊敬的高素质人士吧。

2.3　远离"点头Yes摇头No"的误区

当人们说话时,所伴随的头部动作是最多的,尤其是点头和摇头这两个动作所出现的频率之高,更是超出了我们的想象。不管是什么人,不管其自我克制能力的大小,不管在什么场合,人们总会有意无意地做出点头或者摇头这样的小动作。有时候,为了表明自己的心迹,人们会很明确地点头或者摇头,但是,多数时候,点头或者摇头却是言谈之中不自觉的附属行为,在做出这些动作时,有时人们自己都意识不到。

但是,不管做出这一动作的主人是有意也好,无意也罢,他们的动作都会被我们这些旁观者看得清清楚楚。也就是说,我们完全可以从他们点头和摇头的动作中去解读他们内心的秘密。也许你会说,有什么秘密可言,这不很明显嘛,从小我们就知道点头是肯定或赞同的意思,摇头就是否定或者拒绝的意思,用英语来说也就是"Yes"和"No",这还值得我们去进一步解读吗?

如果这样想,那你就大错特错了。因为任何动作的含义都不是一成不变的,更何况是点头和摇头这样会频频出现的动作呢。它们就像是左手和右手那样功能强大,可以不费任何力气就能做到,因此,它们在无形中承担起了许多原本不属于它们的隐含意思,让它们不光是"Yes"和"No"的代名词,而且还拥有了其他的解释。

大部分文化中,人们都用点头来表示肯定或者赞成,用摇头来表示否定或者反对,甚至连先天性聋哑或失明的人都会用点头或摇头来表达这些意思。用这两个动作来表达肯否态度,似乎是人们与生俱来的本能。但是如果你因此便认为所有人的点头都是表示肯定的,所有人的摇头都是表示否定的,那你可就大错特错了。

周三下午,小平又遇见了上次在饭局上结识的丁先生。丁先生劈头就问:"小平,你不是说要找我帮忙,怎么一直也没见你来呢?我可是一直在等着你的出现呢!"

听他这么一说,小平立马晕了,他不知道丁先生葫芦里到底卖的是什么药。上次他在向丁先生提及让其帮忙的事时,明明看见丁先生冲他摇了摇头,怎么这次又主动提出要帮自己的忙,这到底是怎么回事?难道丁先生是在说客套话?

但看丁先生一脸真诚的样子,又不像是在敷衍自己。疑惑不解的小平就斗胆问了丁先生一句:"丁先生,我想问一下,您是真的想帮我的忙吗?"被他这么一问,丁先生显然不高兴了,脸色阴沉地回答道:"你看你这小伙子,我这么大个人了,说话还能不算话?我是确实想帮帮你们这些有志气的年轻人啊!"

小平听到这里,索性把事情弄个明白,就又问了句:"那我上次和您商量帮忙的事情时,怎么见您冲我直摇头啊?我还以为您是在拒绝我,只不过没有口头上说出来而已,所以,我就知难而退,没有再去找过您。您当时难道不是在拒绝我吗?"

丁先生终于弄明白是怎么回事了,只听他大笑着说:"你不知道,摇头是我的习惯性动作,我不光在拒绝的时候摇头,有时候,我希望别人继续讲话时也会摇头,吃到好吃的东西时也会摇头。这么看来,你这个小伙子是不懂心理学了,你可以翻翻心理学方面的书籍,那上面对摇头的含义做出了不同的解释,相信看过之后你就不会再那么单一地去看待我的摇

头动作了。"

小平终于明白了,原来是他会错了丁先生的意。这一错不要紧,白白地耽误了他这么长时间,要不然的话,小平恐怕早就得到丁先生的帮助,渡过如今的难关了。

看来,思维定式真是害死人。要不是一味地将"摇头"当成是拒绝的意思,要是当初小平能多了解点心理学方面的知识,恐怕当时就不会对丁先生的摇头动作做出主观臆断,认为对方是拒绝自己的意思,也就不会把自己找对方帮忙的计划给搁浅了,说不定,现在他的事业已经在丁先生的帮助下上了一个新台阶了。

B是一家上市公司的人事部门经理,野心勃勃的他一直希望能够得到更高的职位。为了及时得到一些对自己有用的资讯,B经常请老板的秘书N吃饭、唱歌,两人很快就成为好朋友。

有一天,公司要提拔一个中层领导,老板让B提交两个候选人的资料。B千挑万选后,把名牌大学毕业的小C和刚应聘过来但经验丰富的小D的资料交给了老板。资料提交后,B拜托N留意一下老板的反应,因为他知道老板会问自己的想法,而他希望自己的想法跟老板的想法一致。

下班后,B约N在咖啡厅见面。N告诉B,老板对小C比较满意,因为看小D资料的时候老板轻轻地摇了摇头,看小C资料的时候点了点头。B听后,高兴地回家了。

果然,第二天,B被老板叫进了办公室。当老板问及他的想法时,B毫不犹豫地说:"我觉得小C比较合适。"老板稍微愣了一下,接着问他选择小C的原因。B说:"我觉得他是名牌大学的毕业生,有丰富的专业知识。"老板听后没有说什么,挥挥手就让B出去了。B虽然觉得有些不对劲,但也没多想什么。

第二天,B上班的时候意外地看见了小D被提拔的公告。这时,他才猛然醒悟自己犯了一个大错误。他急忙去找老板,跟老板承认自己是因为得知老板看资料时不同的反应才会揣测老板的意思给出答案。

听完B的话,老板缓缓地说:"我看小C的资料点头,是因为我觉得他这样高的学历做了这么久居然还没有什么大的成就,真是浪费公司的资源和金钱;我看小D的资料摇头,是看到他明明已经在自己的专业领域里做出了一些成绩,可其他公司却迟迟没有给他施展的舞台,很可惜。"最后,老板说了一句:"我需要的是有自己主见的人事经理,而不是一味地附和老板意思的人。"B听后,惭愧地退出了老板的办公室。

在很多人的印象中,点头表示赞同或者肯定,摇头表示反对或者否定。用这两个动作来表达自己的态度似乎是天经地义的事情。因为小时候,老师的点头就说明自己表现得不错,家长的摇头就表示对自己有些失望;长大了,领导的点头就表示对自己的赞赏,伴侣的摇头就表示自己做得还不够好。久而久之,我们就笃定地认为点头一定是肯定,摇头一定是否定的。其实,这种理解是错误的。

从上面的故事中可以看出,人在点头的时候并不一定代表肯定,在摇头的时候也不一定代表否定。所以,在做事情的时候,一定要先读懂对方的意思再下结论。

H作为一个房地产经纪人,的确很善于捕捉别人的一举一动,她经常从别人的肢体语言中体会别人的真实意图和感受,所以她总能够十分贴切地做出相应的回应,继而成功地与客户建立好的关系。

就说上次H向客户推销房子的事情吧。那天,H和她的同事接待了一对小夫妻,当对方说了自己的要求和心理价位后,她俩便先后向对方推荐了两套房子:一套虽然面积大点,装修各方面也不错,但是,距离市区有点远,周边的配套设施还不是很齐全;另一套虽然面积没第一套大,装修也不好,但是,却地处闹市区,周边的配套设施很完善,特别是新修建的一座大型购物商场就在这套房子的旁边。

在她们介绍的过程中,H并没有停止对小夫妻的观察。她发现,那位妻子在听她们说第一套房子的情况时,虽然一个劲儿地点头,但是,点头的动作却有些太过频繁,等她们介绍第二套房子的时候,对方虽然没有什么明显的举动,但在听说房子周围有某个购物中心的名字后,那位妻子的眼睛忽然亮了许多。

这些小小的发现让H心里有数了。因为她从一本心理学书中了解到,在两个人的谈话过程中,如果对方的点头次数过于频繁,那么就表示对方对谈话者的谈话内容感到不耐烦或者持否定的态度。所以,从对方对第一套房子的反应来看,正说明了他们对其持有否定态度,再联想到对方听到第二套房子的情况时眼前一亮的反应,她就知道对方喜欢的是第二套房子。

于是,H没有像她同事那样,误以为对方喜欢的是第一套房子,而在那里拼命地向对方夸赞第一套房子的性价比之高,而是直奔主题,直接把第二套房子的主要优势介绍给对方。结果,由于H事先已探明对方的心迹,所推荐的房子正中对方的下怀,几乎没费什么口舌就轻松地和对方签下了购房协议。

拿到订金的那一刻,H真替自己高兴,她知道,自己又成功地打赢了一场心理战,而这正是她的同事所不及的地方。

那么摇头和点头在某些具体情况下到底是什么意思呢?下面我们来细细分析:

缓缓点头

如果听者每隔一段时间就向说话者做出点头的动作,并且速度较缓,每次点头两到三下,表示他对谈话内容很感兴趣。

快速点头

快速点头的动作能传达出"你说得太对了"、"我十分同意你的观点"等非常肯定的意思。但是有时候,它也可能是在告诉说话人"我听得很不耐烦,你不要再说了",尤其是配合着"好好好"、"我知道啦"等语言时。另外,它也有催促之意,即催促说话者快点结束发言,以便听者自己来表达。注意,如果听者不但点头速度很快,而且点头频率很高,那么一般来讲,他是对你的谈话不感兴趣,希望你快点闭上嘴巴。

缓缓摇头

缓缓摇头一般是用来表示否定之意的,比如"我不同意你的观点"、"我没有听懂你的意思"、"我不会按你所说的去做"等。

快速摇头

快速摇头除了表达否定之意外,有时也会被女孩或一小部分男孩用来表达"害羞"和"腼腆"。但表达后一种意思时,摇头的幅度多会比较小。如果在小幅度较快摇头的同时还伴有低头的动作,则可断定必是"害羞"无疑。

TIPS:小提醒

　　明白了点头、摇头的复杂内涵,我们就要注意,当想对说话者表示我们对他所说的很感兴趣时,就应该向对方缓缓地点两三下头,同时表现出认真深思的态度。

　　如果总不点头,就会让对方觉得"这个人不好说话"。如果对方不轻易向你敞开心扉,而你又希望和他深谈,你更应在他说话时稍稍提高点头频率,因为这样会激发说话者的表达欲望,甚至能够让他比平时健谈三四倍。而当我们希望对方快点闭嘴,又不想用语言来引发他的不快时,则可以用快速点头的方式来传达我们的意思。

　　同样,你也可以按照摇头的更多内涵来强化自己的相关动作,以便利用它传达更丰富的意思,获得最理想的交谈效果。

　　需要特别提出的是,你不用担心对方"听"不懂你的动作语言,这些天生的、源于本能的动作基本上是人类通用的沟通工具,只要你做出来,对方就会在不知不觉中领略你的意思,从而迅速调整自身的状态。

　　所以,从现在起,不要再被既定思维束缚了:点头不一定代表肯定,摇头不一定代表否定。要根据具体的时间、地点、谈话氛围以及对方的反应来理解点头和摇头的含义,这样才能达到事半功倍的效果。

2.4 领悟小动作指令,让你所向披靡

　　乔箐是一家建筑公司的业务经理,最近在和一家公司进行工程谈判时,遇到了一位难以琢磨的老板。

这位老板一味地要求降低价格，并且不断威胁乔箐说，如果不降低价格的话，就与另一家公司合作。乔箐有点沉不住气了，现在的建筑行业竞争太激烈，能够遇到这样一笔上千万元的大单实在不容易，如果不降价，最后这笔生意黄了，对公司而言会是一个莫大的损失。但是一同参与谈判的公司老板却好像是铁了心，坚决不降价，不仅如此，还摆出一副爱搭不理的样子。

出乎乔箐意料的是，最后这笔生意竟然谈下来了。

在事后的庆功宴上，乔箐冲着老板竖起大拇指："您真是有胆量，这么大的单子竟然能下得了狠心。"

老板笑眯眯地说："这不是我敢赌，如果做生意靠赌的话，再大的生意也得亏完了。"

乔箐很奇怪地问老板："那您是凭什么断定对方会采纳我们的方案呢？难道您有内线不成？"

老板嘿嘿一笑："小乔啊，做生意要与时俱进。我用的内线就是对方老板的身体，换句话说，就是其下意识的小动作。"

看着乔箐一副疑惑的样子，老板拍了拍乔箐的肩膀说："当初第一次谈判的时候，我就仔细观察过对方查看我们的方案时的反应。对方老板看我们的方案时，眼睛变得越来越亮。基于此，我就断定，对方对我们的方案很感兴趣。在随后的交谈中，对方老板虽然每次都在告诉我们，我们竞争对手的质量如何好、价格如何低廉，但是我发现对方每次提到这些事情时，都会不停地开始踮脚，这是一种传达厌烦的小动作，说明对方其实心中对我们的竞争对手的情况并不满意。当由于价格问题一直无法达成共识的时候，我适当地表现出我们要退出的意思，虽然对方表面上没有表现出害怕，但是却下意识地去摸头，这是内心恐惧的小动作，说明对方突然失去了安全感，这点就可以说明对方非常害怕失去我们这个生意。"

与言语交流不同，我们的身体动作更多是不受意识控制的，是我们无意识的反应。正如弗洛伊德所说，"没有人可以隐藏秘密，假如他的嘴巴不说话，则他会用指尖说话。"

每个人的一生中，会一直有意无意地做出各类肢体语言的动作。例如，婴儿喜欢吮吸大拇指,女人往往双臂横抱在胸前,这些常见的动作,作为一个了解小动作内涵的人,会十分明确地指出它们的真正含义。婴儿吮吸大拇指,是在寻求回到母亲怀里的安全感而做出的象征性动作;女人把双臂横抱在胸前是一种防卫姿态,以遮盖和保护她那容易遭受伤害的胸部。

设想你家对面有个电话亭,你只要仔细观察一下,就会发现人们在打电话时,会呈现出形形色色的肢体动作。

一个男人,正端端正正地站在电话机前,他全神贯注地听着,恭恭敬敬地说着。他的服饰一丝不苟,外套扣得整整齐齐。一望而知,他很尊重对方。可能,他正在向他的上级汇报工作,并听取对方的指示。尽管见不到对方的面,他还是像往日站在上级面前时,一样的郑重其事。

另一个打电话的人,姿态很轻松。他低着头,身体的重心不断地从这只脚换到那只脚,而且将下巴抵在胸前,看上去他似乎是望着地面,边听着边频频点着头,一只手却不停地用手指缠绕着电话线玩。看上去这个人很自在,但他对通话的内容显然感到索然无味,却又企图隐藏这种感情。和他通话的人可能是个很熟的人,也许是他的父母、妻子或者一个老朋友。

第三个人通话时,背对着电话亭的门。他耸起了肩膀,嘴紧贴着话筒小声地说着。他不愿意让人看到他脸上的表情,似乎要隐瞒什么秘密。他的左手不时地抿抿头发,挠挠耳朵,就像赴约前的整理一样。他十有八九是在和他的恋人倾诉着衷肠。

再看第四个人。他高高地耸起了风衣的领子,脖子简直要缩到肩膀里去了。他的腰微微弓着,一手紧拉着电话亭的门把手,像要阻止别人闯进来,又像立刻就要冲出电话亭一样。他一边低声说着话,一边把目光透过低低的眼睑向来往行人窥视着,一副心怀鬼胎的样子。也许他正干着不可告人的勾当,正在向主子传递着情报。

由上可以看出,研究人们无意识的小动作是一件很有趣的事。

但是,要确切了解小动作背后所隐藏的真相,我们还必须了解一些规则:

第一,要正确理解对方的肢体语言,必须综合若干个动作或姿态来分析,光从某一个孤立的动作上,是不能做出正确判断的。

比如,你只看对方眉毛的动作,就不知道他在表达着什么。只有把对方的眉毛、眼睛、鼻子、嘴和脸部的表情汇聚,综合起来,才能真正洞察对方。一个个孤立的动作就像是一个个单独的汉字,望"字"生义是会出偏差的。只有把单字组成词和句子,才能明白其中的意思。

第二,一个人小动作的表达,和他的心理活动有莫大的关系。

在研究某个人的小动作时,我们必须非常细心地来研究小动作发生的规律;必须了解他行动的整体条件,同时也要把他的行动和他的语言结合起来判断。虽然有时对方嘴里所表达的意思和小动作所表现出来的意思会互相矛盾,然而却也有着不可分割的联系。

习惯性小动作暴露个性

边说边笑

这类人与你交谈时你会觉得非常轻松愉快。他们大都性格开朗,对生活要求从不苛刻,很注意"知足常乐",富有人情味。他们感情专一,对友情、亲情特别珍惜,且人缘较好,喜爱平静的生活。

掰手指节

这类人习惯于把自己的手指掰得咯嗒咯嗒地响。他们通常精力旺盛,非常健谈,喜欢钻"牛角尖",对事业、工作环境比较挑剔。如果是他们喜欢干的事,他们会不计任何代价而踏实努力地去干。

腿脚抖动

这类人总是喜欢用脚或脚尖使整个腿部抖动。他们最明显的表现是自私,很少考虑别人,凡事从利己出发,对别人很吝啬,对自己却很大方,但是很善于思考,经常能提出一些令人意想不到的问题。

拍打头部

这个动作是表示懊悔和谴责。这种人对人苛刻,但对事业有一种开拓进取的精神。他们一般心直口快,为人真诚,富有同情心,愿意帮助他人,但守不住秘密。

摆弄饰物

这类人多为女性,一般都比较内向,不轻易使感情外露。这类人的另一个特点是做事认真踏实,大凡有座谈会、晚会或舞会,人们都散了,但最后收拾打扫会场的总是他们。

耸肩摊手

这种动作是表示自己无所谓。这类人大都为人热情,而且诚恳,富有想象力,会创造生活,也会享受生活,他们追求的最大幸福是生活在和睦、舒畅的环境中。

常常低头

慎重派。这类人讨厌过分激烈、轻浮的事,他们孜孜勤劳,交朋友也很慎重。

托腮

这类人精神旺盛,讨厌错误的事情,工作时对松懈型的合作对象会很反感。

摸弄头发

这类人往往是情绪化的、常常感到郁闷焦躁的人。这类人对流行很敏感,但忽冷忽热。

靠着某样物体

这类人有顽强的性格,他们有责任感和韧性,属独自奋斗型。

四处张望

这是一类具有社交性格的"乐天派",他们有顺应性,对什么事都有兴趣,对人有明显的好恶感。

摇头晃脑

这种人特别自信,以至于常唯我独尊。他们在社交场合很会表现自己,对事业一往无前的精神常受人赞叹。

思维的真相
THINKNKING ABILITY

TIPS：情侣间私密小动作揭示甜蜜度

情侣相处的时候，许多小动作都能清楚地标示出两个人之间的关系牢靠程度，试试看破解这些代表爱抚意义的小动作密码吧。

言语是苍白而且靠不住的，研究肢体语言的专家认为男女之间的沟通有90%以上是不需要通过说话的，因此你可以通过分析你和恋人之间平日的肢体语言以及一些亲密的小动作来了解你们之间感情的结合度。

捧在手里怕化了

情侣接吻的时候，把对方的脸捧在手里是一种最强烈、最自然的感情流露，这个动作已经远远超越了接吻本身的意义。通常人们做出这个动作的时候不需要预先设计，而是一种近乎本能的爱意的流露，这个动作表达了两个人希望完全与外界隔离单独相处的情绪。

头发乱了

最甜蜜动人的一刻莫过于你的他深情地凝视你的脸，轻轻帮你把垂在脸颊上的一缕秀发掠到耳朵后面……这个动作如果在大庭广众之下做出来，等于向所有的人宣告你们是情侣关系。如果在只有你们两个人的时候，这个动作就代表了他默默道出的心声：我想好好地照顾你。

别忘记也用同样的动作回敬你的爱人吧，为什么？这恐怕要从进化学的角度开始追溯，灵长类动物习惯为伴侣梳理毛发，这是一种互相照顾的意思，因此你也应该拾起这个被遗忘的本能，把你的爱意灌输到对方身上。

"动手动脚"

你们参加Party的时候可能都有如下的经历：在人群中乘人不备你轻轻捏捏他的臀部，或者是他走过你身边突然从后面搂住你的腰……情侣之间动手动脚通常都会选择富含性意味的方式，这是一种自然而然的行为，含有很多的玩乐成分。隐含的话语就是：还记得昨天晚上我们……吗？另外，如果做出这种轻轻的"掐"、"拧"的小动作，说明他们很了解对方身体的承受能力及习惯。情侣间通过这些举动获得的并不是生理的愉悦，而是来自心理的满足。

但是要小心,如果在人群中,你的这种举动则含有"打上记号"的意味,比如你想表达的意思是:他是我的,把你的爪子拿开。那么说明你们的关系陷入困境,需要新鲜的动力和活力来维持。

连体婴儿步

两个人勾肩搭背地走在街上,足以宣告你们之间有多么的融洽。当你们把胳膊环绕在对方的腰上用相同的步伐前进的时候,还说明你们不光是情侣,你们在感情上还能达到好哥们儿的境界。你们用这种和谐统一的姿态来面对世界,说明你们是真正意义上的一对儿,不但在感情方面如鱼得水,同时还建立起了一种信任和互助的关系。

排排坐,叠罗汉

酒吧里过来调情的陌生女子除外。一个人坐在另一个人腿上,首先是情侣在宣告他们的关系,同时又是在宣传他们的美满程度。不管是男性还是女性,谁坐在对方腿上,在两人关系的最初,这种姿势都宣告了你们的关系已经向深层发展了。随着感情的深入,这种姿势还有宣告"领地"的意味。

最流行的叠罗汉坐法是安全带式,被当做椅子的人用手臂从后面紧紧环抱住你的腰。这种情况通常说明你们其中的一方对这段关系还不是非常有安全感,可能有一方的身体会对这种紧抱产生排斥的感觉,真正的感受只有你们两个人才知道。

牵手!牵手!

观察那些喜欢手牵手的情侣,他们的手大部分都是掌心紧紧相握,手指交错,就像两只鸟的爪子扣在一起。或许你会认为他们是随意这样做的,实际上以这种方式牵手的时候可以通过手指头的动作轻易地传递信息给对方。手指头紧紧相扣也说明你们的关系密不可分,是可以看出情侣关系亲密程度的最重要的一个手势。但是这种姿势的牵手通常也会在那些偶尔搭配起来的男女玩伴中出现,特别是夜晚无人陪伴而决定暂时在一起的两个人,这种姿势会让他们感觉彼此信赖和依靠。另外手指相扣的牵手方式不会让人感觉紧张和别扭。

腿部摩擦运动

在别人看不到的桌子下面轻轻用腿的摩擦来交流是公共场合常见的一幕。这样做的情侣,关系真可谓感情如日中天。

不祥的肢体语言

当他有如下表示拒绝的姿态出现,可能就到了说再见的时候。

牵手动作无力:这种缺乏激情的姿态从人体生理的角度来分析就是他已经试图脱身而去。

避开眼神接触:心里有其他想法的男性通常不敢直视你的眼睛。

拥抱冷淡敷衍:令你感觉不到爱的拥抱表示他跟你在一起并不快乐。

接吻例行公事:在公共场合接吻的时候,如果他心不在焉地东张西望,说明他的心思已经不在你身上了。

2.5 破解让人郁闷的"没表情"

有人说:"脸上的表情,天上的云彩。"这句话说得很有道理。因为表情在多数时候的确是内心的晴雨表,反映着内心的真实想法,这就好比是老到的猎人可以通过云彩来推断天气的阴晴雨雪一样,表情的喜怒哀乐也一样可以告诉我们一个人内心的情感。于是,我们从一个人的笑容中看出了他的开心和快乐,从一个人的怒容中看出了他的愤怒和不满,从一个人的愁容中看出了他的哀愁和伤心……

可是,正当我们以为可以凭此将别人一眼看穿的时候,却有一个难题出现了。那就是我们只会对这种明显的表情符号做出判断,而无法了解那些没有符号的表情,或者是没法窥测那些没有表情的人的内心到底是怎么样一个想法,因此,我们就轻率地说那些面无表情的人是一些没有感情的人。我们之所以没办法从他们的表情看清他们的内心,其原因就在于他们根本没什么感情,所以也就无所表现了。

但是，我们忘了这样一句话"人非草木，孰能无情"。每个人都是有感情的，不管他的心智和经历如何，不管他的财富和地位如何，在感情这个天平上，人人都是平等的。所以，我们基本上可以把"没感情"这一说法给排除在外了。也就是说，没有表情不等于没感情，相反，越是没有表情的人，说不定他内心的感情越丰富。因为越是风平浪静的海面，下面越是波涛汹涌、暗流涌动。

因此，我们不仅要重视那些没有表情的表情，更要学会从中解读其背后的真实情感，不让自己被这种潜在的表情给欺骗了。

百合是个十分精明的女孩子，说她精明，主要是因为她作为公司里的部门经理，从来也没有因为什么事情而得罪过自己的下属，而她的领导也说不出她的不好来。作为一名从草根白领成长起来的部门经理，能做到这一点的确很难得。

她之所以能够做到这一点，是因为她在和下属打交道的时候喜欢察言观色，从来不会因为对下属的批评过重而得罪对方，每次一到关键时刻都能做到适可而止、紧急刹车，在给下属留面子的同时也为自己赢得了口碑。

那天，她的下属小米把一个很重要的客户给得罪了，给公司造成了很大的损失。迫于上面的压力，她把小米狠狠地批评了一顿。这是她有史以来第一次这么严厉地批评一个人，因为当时的情绪过于激动，所以她说了很多难听的话。刚开始，她只顾着生气，一时忘了注意小米的神色，后来，她也觉得自己的话说得有点重了，就赶紧去看小米的表情，这时，她发现小米的脸上虽然一点表情都没有，但是脸色变得很难看。

她心想：坏了，我再说下去，小米恐怕就要爆发了，到时就尴尬了。因为她知道小米这种看上去满不在乎的表情，其实是内心强烈不满的表现。读懂了小米的表情，她就赶紧转变了自己的话锋，一改刚才苛刻的语气，马上很温和地对小米说："当然，我知道你也不是故意的，如果你有什么不满，就说出来！"

听她这么一说，小米像获得了赦免一样，开始陈述自己的理由，他脸上的表情也随着他的"发泄"而渐渐舒缓了很多。等到小米的表情恢复正常以后,百合估摸着小米的怒气也释放得差不多了,就及时地来了个总结,轻松地将一场上级和下级间可能爆发的危机给化解了,也把心有不满的小米给安抚了。

试想,如果百合没有及时地关注小米的表情,没有读出危险的信号来,就那样任由自己的情绪宣泄下去,对小米说出更难听的话,恐怕很快就会将小米心中的怒火给点燃,最后弄得个"下属犯上"的尴尬场面。即使小米不当场给她难堪,过后对她心怀不满,处处与她作对,对她来说,也是很不利的,不仅会让她的领导形象受损,更会对她今后的工作开展造成极坏的影响。

心理学上讲得清清楚楚,没有表情不等于没有感情。当一个人对某件事或者某个人做出一副面无表情的样子时,我们也要特别注意他的动向,因为他的心理很有可能是以下的状态:

1.愤怒的极致

当一个人的愤怒到达一定的限度时,他的脸上不是一脸的怒容,而是毫无表情。这是一个临界点,如果再任由其发展下去的话,下一刻就是他爆发的时刻。

2.极端无视

有时候,面无表情是无视的表现。如果一个人对某个人、某件事极端无视,那么他的脸上会毫无表情,因为他根本就当眼前的人或事不存在,所以也就不会对不存在的事物流露出任何表情了。

神奇的"目光语"破解"没表情"

2012年伦敦奥运会期间,发生了一件因为"没表情"而令英国警察大失水准的事情。

在男子自行车公路赛现场,54岁英国男子马克·伍斯福德在利兹海德市观赛。警方以"面无表情"、"不像是在享受观看比赛的乐趣"以及"衣着不太得体"为由将其逮捕。在警察局,他经历了一系列的问讯,还被检查指纹、

DNA,足足被关5个小时。

随后警方表示,这仅仅是"一场误会"。原来,伍斯福德是一名帕金森病患者,肌肉僵硬是其症状之一。当地警署发言人事后解释称,当时伍斯福德站得过于接近赛道,紧挨着一批公路赛的反对者,又不像是来看比赛的样子,因此警方不得不"防患于未然"。

此举引起帕金森病患者及一些维权人士的不满,英国警察顿时成为英国网民的笑柄。一名网友讥讽道:"欢迎来到英国这个'新警察国度',在这里,请留下您的自由意志,并管好您的表情。"

面对"没表情"人士,连经验丰富的警察都一筹莫展。那么在遇到这类型人时,我们究竟应该如何读出他们心底的真实想法呢?当然还是有办法的,最有效的就是——看目光。

眼睛是心灵的窗户,丰富多变的目光语,比语言更能透露我们内心的秘密。就算再没有表情的人,也不能连目光都一成不变。

目光语不仅丰富多样,而且适用于任何一种场合。懂得目光语,有助于我们迅速看透人心;应用目光语,有助于我们顺利达成目的。下面我们就以各种场合为例,来探讨各种目光语的内涵及使用规则。

1.日常交际

表示礼貌

与人交谈中,要看着对方的下巴;听人说话时,要看着对方的眼睛;被介绍与他人认识时,只能看着对方的面部,而不能上下打量对方。

表示倾听

要看着对方,不可东张西望,更不可频频看表。

表示恳求

当有求于他人或等他人回答时,眼睛宜略朝下看,即俯视,这样可以让你显得更加诚恳。

表示打断

想要对方快点闭上嘴巴,可以将目光转向他处。相反,如果是希望对方继续说下去,则可以将散漫的目光收回,重新集中到对方的脸部。

表示未知

如果知道对方有烦恼的事,与之打招呼时要避免与其目光相撞,否则对方会以为你发现了他心里的秘密,而这可能会让他感觉不舒服。如果对方身上有缺点,也要使目光尽量避开这些缺点,否则对方会很反感。一旦对方有了反感的情绪,即便你再予以赞美,也会给人以做作、虚伪之感。

表达逃避

谈话时,长时间不看对方通常被视作一种失礼行为,同时也容易被理解为是在躲避,这意味着你企图掩饰或心里隐藏着什么事。如果你不希望对方这样猜测你,那就要避免使用这种目光语。

表达抗议

内心不服气或有愤怒之情,并且希望表达出来时,一定要直视对方的眼睛,这样才能给对方以压力,达到最佳抗议效果。

2.正式谈判

表示公事公办

想象对方的脸上有一个三角形,这个三角形以双眼为底线,以前额发际为顶点。在正式谈判时,如果你一直盯着这个三角形看,会在无形中给对方一种暗示:"我有清楚的底线,我不会破坏原则。"

表示认真和诚意

如果是在进行商务洽谈时,不时地将目光落在对方脸部的三角形上,会让对方感觉到你严肃认真的态度以及诚意,这有助于你把握住谈话的主动权和控制权。

表示感兴趣的程度

与人交谈时,视线接触对方面部的时间应占全部谈话时间的一半左右,这样对方会感觉很舒服,也能体会到你对谈话内容比较感兴趣的心理状态。超过这个平均值,对方会认为你对谈话者本人比对谈话内容更感兴趣,这显然很不礼貌,尤其是对方是异性时;低于这个平均值,则表示你对谈话内容和谈话者都不怎么感兴趣,这显然会引起对方心中不快。当然,如果你确实想表达上述意思,那你就可以这样做。

3.上台演讲

表示看到了所有听众

以听众席的中间部分为中心线,将视线平直向前然后进行弧形移动,以照顾两边,最后让视线落到最后面的听众头上。这会让所有听众都觉得你注意到了他,因此他们会对你的演讲更感兴趣。值得注意的是,推进视线时不必匀速,而应该配合所演讲的语句有节奏地进行。

表示感情浓烈

有节奏或周期性地从左到右,再从右到左,或从前到后,再从后到前地扫视听众,即让视线在反复的弧形移动中构成一个环形整体,能够向听众传达出你浓烈的情感。使用这种目光语时一定要注意过渡的自然性,以免让听众感觉你的目光在散漫地游离或是刻意在移动。

表示思考

如果所演讲的内容比较复杂,或者需要集中非常多的精力去描述,则可以运用"仰视"的目光语,即表示思索、回忆。

表达震慑

当听众出现不良反应时,用眼睛直视对方,对制止听众的骚动情绪将会起到非常厉害的震慑作用。

表达愤怒、怀疑

"虚视"即目光似视非视,是一种"眼中无听众,心中有听众"的状态。"虚视"有个中心区,一般将目光放在听众席的中部或后部。使用"虚视"可以很到位地向听众传达出你内心的愤怒、悲伤、怀疑等负向且强烈的感情。

如果是初次上台演讲或有怯场之感,使用这种目光语也有助于你避开台下火辣辣的眼神,帮助你克服紧张的心理,不再因此而分神。

表达同情、怜惜

正常情况下,人每分钟会眨眼5~8次,每次眨眼的时间最长不会超过一秒钟。如果超过一秒钟,那就是"闭眼"。闭眼这种目光语可以传达出你的同情、怜惜、难过等情绪。比如演讲中提到英雄人物即将英勇就义时,演讲者和听众都比较紧张,心情难以平静,便可以用闭眼的方式来使听众与自己

产生共鸣。

表达与自己特定身份有关的情感

在演讲时老注意听众会显得不甚自然,因此可以根据内容,结合自己的特定身份,运用"仰视"、"俯视"等目光语。比如,对着后辈演讲,你可以不时地把视线向下转,即俯视,以表示对后辈的爱护、怜悯和宽容等;而对着同辈或前辈演讲,你可以将视线稍向上转,即用仰视来表示尊敬或撒娇之意。

需要注意的是,在演讲中使用目光语,一定要按照内容的需要,结合感情的节拍来进行,并需配合以手势、身姿等身体语言。

此外,教师等相关职业者在目光语的使用上可以参考该部分,并应注意保护学生的心灵,尽量避免消极目光语,如对学生怒目而视、蔑视、漠视、垂视等。

第三章 >>>>>

迅速与对方拉近距离的"友好方式"

事实上,与陌生人一见如故,真的很难做到。但如果你能做到,那么你的朋友将会遍布各地,你办事则会随之顺畅无阻,如鱼得水。反之,如果缺乏与初交者打交道的勇气,不善于跟陌生人交谈,那么你就会在交际中处处碰壁,做事也会事事不顺,如踩棘地,如登陡山。

熙熙攘攘的人群中,总会有人虽也如惊鸿一般飘然而过,却让你久久回首,难以忘记;社交聚会中,每个人都明艳照人,使尽浑身解数博取注意力,而有人却独领风骚,让人以为他是一个大人物,急于结交……那么,怎样才能跟初交者一见如故呢?

3.1 用第一句话消除陌生感

第一句话是留给对方的第一印象,第一句话说得好坏与否,关系重大。说好第一句话的关键是:亲热、贴心、消除陌生感。常见的有以下3种方式:

真诚地问候

"您好"是向对方问候致意的常用语。如能因对象、时间的不同而使用不同的问候语,效果则更好。

对德高望重的长者,宜说"您老人家好",以示敬意;对方是医生、教师,说"李医师,您好"、"王老师,您好",有尊重意味;节日期间,说"节日好"、"新年好",给人以祝贺节日之感;早晨说"您早"、"早上好"则比"您好"更得体。

"攀亲附友"

赤壁之战中,鲁肃见诸葛亮的第一句话是:"我,子瑜友也。"子瑜,就是诸葛亮的哥哥诸葛瑾,他是鲁肃的同事和挚友。短短的一句话就定下了鲁肃跟诸葛亮之间的交情。其实,任何两个人,只要彼此留意,就不难发现双方有着这样或那样的"亲"、"友"关系。

例如:"你是清华大学毕业生,我曾在清华大学进修过两年,说起来,我们还是校友呢。"

"您是书法界老前辈了,我爱人可是个书法迷,您我真是'近亲'啊"。

"您来自青岛,我出生在烟台,两地近在咫尺。今天得遇同乡,令人欣慰。"

表达仰慕之情

对初次见面者表示敬重、仰慕,这是热情有礼的表现。用这种方式必须注意:要掌握分寸,恰到好处,不能乱吹捧,不说"久闻大名,如雷贯耳"一类的过头话。表示敬慕的内容应因时因地而异。

例如:"您的大作我读过多遍,受益匪浅,想不到今天竟能在这里一睹作者风采。"

"今天是教师节,在这光辉的节日里,我能见到您这位颇有名望的教师,不胜荣幸。"

"桂林山水甲天下,我很高兴能在这里见到您——尊敬的山水画家。"

说好第一句话,仅仅是良好的开始。要谈得有味,谈得投机,谈得融融乐乐,有两点还要引起注意:

第一,双方必须确立共同感兴趣的话题。有人以为,两人素昧平生,初次见面,何来共同感兴趣的话题?其实不然。生活在同一时代、同一国土,只要善于寻找,何愁没有共同语言?一位小学教师和一名泥水匠,似乎两者是话不投机的。但是,如果这个泥水匠是一位小学生的家长,那么,两者可就如何教育孩子各抒己见,交流看法;如果这位小学教师正在盖房或修房,那么,两者可就如何购买建筑材料,选择修造方案沟通信息,切磋探讨。

只要双方留意,并试探,就不难发现彼此有对某一问题的相同观点,在某一方面有共同的兴趣爱好,有某一类大家关心的事情。有些人在初识者面前感到拘谨难堪,只是他们没有发掘出共同感兴趣的话题而已。

第二,注意了解对方的现状。要使对方对你产生好感,留下不可磨灭的深刻印象,还必须通过察言观色,了解对方近期内最关心的问题,掌握其心理。

例如,知道对方的子女今年高考落榜,因而举家不欢,你就应劝慰,开导对方,说说"榜上无名,脚下有路"的道理,举些自学成才的实例。如果对方子女决定明年再考,而你又有自学、高考的经验,则可现身说法,谈谈高考复习需注意的地方,还可表示能提供一些较有价值的参考书。在这种场合,切忌大谈榜上有名的光荣。即使你的子女考入名牌大学,也不宜宣扬,不能津津乐道,喜形于色,以免让对方感到脸上无光。

记住名字拉近彼此的关系

武磊是一家餐厅的经理人,餐厅刚开业时,卫生处的来检查,卫生处的人认为武磊所在餐厅的卫生不合格,强行关闭了该餐厅。厨房已经备好了所有的材料,一关门就意味着每天几万元的损失。武磊作为负责人,赶紧给老板打电话,不巧老板出国旅游,如何减少损失的问题不得不由武磊来挽救。其实,厨房的卫生问题不大,稍加调整就好,但是卫生处的人不买账,武磊几次前去要开业批条,都无果而返。最后他通过多方努力,终于找了一位朋友,请他代之"求情"。

第二天一早,武磊来到卫生处,敲开办公室门后,看见了一个中年男人正在伏案办公。他并不能确定这个人是不是朋友让他找的那位,于是客气地问道:"您好,请问王先生在吗?"

对方并没有抬头,只是问武磊找王先生干吗?武磊继续客气地说,"有点事想找他帮忙。"那人依旧没有抬头,只是说他所找的人今天不在,让他明天再来。

快快而归的武磊一边生闷气,一边给那位朋友打电话。朋友听完武磊对那人的描述后,马上说道:"我让你找的人就是他,不过他姓刘,你怎么说找王先生呢?尽管他只是个副处长,但平时大家都叫他刘处长,你再去时一定不能再犯错哦!"

听完朋友一席话,武磊茅塞顿开,虽然刚刚自己的态度很好,也很客气,但对方并不买账。因为自己不但没有弄清楚对方的姓,还称呼人家先生,这让对方感觉自己是个无关紧要的人,有种不被尊重的感觉。

所以,再次找到那个处长级人物后,武磊学"乖"了。他走到对方面前亲切地说:"您好,刘处长,我是牛主任介绍过来的……"还没等武磊说完,这位刘处长已经欢快地站了起来,客气地说道:"请坐,请坐……"如此一来,原本简单但搞得有些复杂的事情,最终以简单的方式解决了。武磊的餐厅开始正常营业,把餐厅的损失降到了最低。老板回来后不但奖励了武磊,还将他调到餐饮集团总部工作。

如此看来,记住别人的名字可谓好处多多。

1.能满足他人的自尊心,使人快乐

"自尊心"人人都有,很多人努力奋斗,很多时候都是自尊心的功劳。你需要住一所大房子,买一部好车,有一份不错的事业,你努力获得了,人人羡慕你,追捧你,那感觉真好。而亲切准确地叫出一个陌生人的名字,会让对方有种心灵上的满足感,感觉自己是个举足轻重的人物,是个角色,而不是士兵甲、士兵乙。当人的一些敏感神经、快乐细胞被那一声得体的称呼打动后,没有什么事情是办不成的。

2.叫出对方的名字体现个人修养

有时候,准确地叫出对方的名字,不光是对他人的尊重,更是个人修养

的一种体现。与陌生人之间的熟络，一种方式是通过朋友的介绍，另一种就是自己的主动出击。你要去拜访一位客户，那就要提前了解清楚这个人，他姓什么，什么职位，有什么兴趣爱好。而叫对对方的名字，则能直接体现出你个人的素养。

以往的英国王室认为，将人错误的称呼是一种可耻的行为，叫错或叫不出别人的名字，是没有礼貌、个人素养低的体现。

3.消除隔阂和陌生

一位太太去银行取钱，排队等候时，因为无聊，便主动跟旁边的女孩说起话来。那是个漂亮又有气质的女孩，一开始有些趾高气扬。但是这位太太始终是微笑的，并且问女孩是否有20岁，是不是在艺术院校上学，说她看起来有着高雅的气质。那孤傲的女孩终于变得柔和起来。两人还相互询问了对方的姓名。临走时，那位太太说："静静，再见！"女孩则说："小林姐，再见！"出门后，那位太太内心充满了欢快，从来都没有人这样称呼过她，而这么好听的称呼又出自那么好看的女孩，她感觉快乐极了。就在她飘飘然时，又一声"小林姐"传来，女孩跑过来给了她一张名片。女孩是一家影视公司的，希望能跟这位太太成为朋友。

看吧，叫出对方的名字，并叫得亲切友好，那么陌生和隔阂就能自动由坚冰化为柔水，从而拉近陌生人间的距离。

4.叫对对方的名字，为进一步交流铺路

很多时候，我们会接到一些电话。一个陌生的声音传来，不管是出于何种业务，只要对方能准确地叫出你的名字，那么你就会耐心地听她说出来电目的，但如果对方持着怀疑态度询问，或者念错你的姓抑或名字时，你往往会以对方打错了为缘由挂断电话。假如我们也是这样，给陌生人打电话时，念错对方的名字或者怀疑对方是否自己要找的人，那么无论你为这次交流准备得有多充分，对方都不会给你继续说下去的机会。当对方拒绝听你说话时，那么你先前的所有准备都成了"无用功"。而叫对对方的名字，恰恰是为继续与对方交流铺路。所以，一定要搞清楚你电话联系或者拜访的人叫什么名字。如果第一次拜访时，对方告诉了你他的名字，那么你就要牢

记于心,第二次拜访或者电话联系时,一定不能出现叫错或者叫不出对方名字的现象。

当我们发觉记住一个人的名字对我们的工作、业绩如此重要时,我们还会认为"记不记住别人的名字都无关紧要"吗?当然不会。

怎样才能记住对方名字并准确叫出来呢?

到底怎么做,才能将几百甚至上千个人的名字记在自己的脑海,并能对号入座呢?请参考以下五种方法。

1.拜访前先了解一番

无事不登三宝殿,要去拜访一个陌生人,肯定是抱着某些需求去的。所以,去之前我们一定要了解这个人叫什么名字,至少要知道他姓什么。

如果你真的想要从陌生人那里得到好处,你自己首先要付出,付出的代价就是将对方的资讯,尤其是姓名、爱好等能了如指掌。不能觉得这是一项麻烦活,实际上,比起没有业绩、没有项目提成、被炒鱿鱼,这点小麻烦算不了什么。解决了这点小麻烦,常常能带给你大收益。

征询自己,假如记住一个陌生人的名字能得到一美元,我会怎么做?那么你一定会疯狂地查询,反复地记忆,直到滚瓜烂熟。再计算下,假如记住一个陌生人的名字,向成功签下一笔百万合同迈进了三分之一,那么你还会不在乎陌生人的名字吗?

2.对自己充满信心

学生只要向家长承诺自己会考满分,那么他自己就会为了兑现这个承诺卖力地学习,因为足够卖力,所以掌握了很多知识,掌握的知识越丰富,成绩自然就很理想。那么,就像学生对家长承诺自己会考一百分那样,向自己承诺"我一定会记住陌生人的名字"。当你这么做后,一种自我施加的压力会迫使你自觉地去记忆,直至能准确地在心里默念出对方的名字为止。这个时候,你似乎兑现了对自我的承诺,整个人既舒心又自信。

所以,总是信心百倍地对自己说,我一定会记住对方的名字,因为我从不做没有把握的承诺。在这种情绪的影响下，久而久之，你就会把记住他人的名字当成一种习惯，并持续坚持。

3.随时随地记下他人的名字

无论是从别人那里打听来的名字，还是自己查询的，抑或第一次会面时对方告知的，无论何时何地，我们都要及时地将这些名字记录在记事本上，并在每个名字后面注明对方的头衔、职位、所在的公司等，并常常拿出来温习。就像资源库一般，当你记下那些跟自己曾有一面之缘或者还没有来得及有交集的人的名字时，随着时间的推移，这些名字就会变成一大笔丰厚的资源，根据你的需要，随时为你所用。

4.问清楚对方的名字

对很多人来说，自己的名字是最好听、最悦耳的，尤其听到陌生人叫自己时，就好像金币落到了掌心。所以，千万不要觉得多询问他人的名字会招致对方的不快，实质上人们很乐意听到你提出如下的问题："抱歉，您能再说一遍您的名字吗？""……这样拼写您的名字对吗？""您的名字怎么拼写的呢？"当你郑重其事地写下对方的名字，或者很认真地记忆对方的名字时，即无意识地向对方传达着"尊重他"、"重视他"的讯息。由于心理上的满足，使得对方对你的印象更好。

5.巧妙联想记忆

打听或查询陌生人的名字时，我们可以在脑海中想象这个人会是什么样的呢？都说名如其人，他（她）大气、婉约、刚健、跋扈、沉闷、欢快……根据名字中的字眼去想象这个人。也许见面后，所见的人跟自己想的有落差，但这种落差感反而更容易让你记住对方。交流结束后，也可以回想对方的某些特质，比如对方的口头禅、习惯性动作等，以此加深印象。

3.2 "废话"多的人更受欢迎

美国有一个脍炙人口的电视谈话节目,叫"CosbyShow"。节目主持人Cosby在电视上口若悬河地说,说得妙趣横生,但见这位主持人的语言根本谈不上"简洁精练、言简意丰",而且"会话附加语"特别多。"会话附加语"是一种附着于意义表述之外的很啰唆的话语,是随口说出的不表达具体实在意义的口头语,通常被斥之为"语言的杂质",甚至被看作"口头禅"。

加利福尼亚一家报纸刊登文章说,Cosby在一个半小时的节目里共计使用了178个"会话附加语",但是,据说正是这些"可有可无"而又"毫无意义"的附加语,使他的话听起来"更加生动风趣"。原本是说家庭问题的一组对话,据说在Cosby的口里因为裹挟着许多的附加语,而显得"情深意厚、趣味无穷"了。

据说,连任三届美国联邦储备委员会主席的格林斯潘就有"废话大师"的"美誉"。他擅长用"说废话"开展工作,同各方面周旋,"创造"了一种语无伦次与模糊重复的混合物:"FED语言(美联储语言)"。

从偶遇时的寒暄,散步时有一搭没一搭的说话,到餐桌上看似随意实则充满游戏规则的闲聊,到正式会议开始前的客套和会议后的告别,人们往往靠"废话"来建立感情。

不会说"废话",就不会聊天,那么你就朋友少,信息也少,灵活性也差,别人说什么容易认真,好听一点叫"学生气"重。走廊里遇到领导,说说天气,问问孩子情况这样的废话,可拉近下关系,又可让对方了解你,一举两得。如果你只会一味地傻笑,不会唠家常,驾驭家常话的能力很差,语言贫乏,千万要学一学与人交往的技巧。酒席上,大家都调侃得不亦乐乎,可你却插不上话,冷不丁说点什么,自己都觉得生硬。其实,在某种场合,"废话"不再是废话,成了十分有用的话,不会说看似无用的所谓"废话",会给交流带来尴尬。

废话是个角度问题，从一个角度来看，它是无用的；从另外一个角度来看，却有它存在的价值。很多时候人们不能总是一本正经地谈事，许多重要的事情，其实决定下来也就在寥寥几句话中。

一个咨询公司的中层顾问，就很懂得"废话"的艺术。他会在面对客户的时候谈一些看似不相干的话题："你看，麦当劳总是跟着肯德基，有移动宣传的地方肯定会出现联通的广告。我们不知道咱们总是跟着谁或者被谁跟着，是不是这种总有对头在的感觉很不一般呢？"

这是一堆废话？不！他的话，首先显示了他对市场和行情的了解，知道任何行业，其竞争对手的存在是不可避免的，有显性的，也有隐性的。其次告诉了对方，我既然了解，就已经做好了帮你们应对这种局面的准备。最后，是在提示对方，你们现在到底处于一个什么样的情况，把局面和感受说出来，对我们的合作更有帮助。

这样的人，怎么会让对方不重视，不感觉到惊喜，不给他最大的关注呢？

你会说"废话"吗？

一个人平常要多说话。说得多，错得多，踩的雷多，未来再踩雷的可能性就小了。

废话在生活中也是很必要的。

它是润滑剂。当别人的怒火毫无保留地倾泻下来的时候，也许立刻就能破了你的防线，你会感到疼痛，会觉得尖锐得无法接受。而这时，废话就能起到一个润滑的作用。在对方对自己的怒火解释的时候，给你一个也许在疼痛时无法顾及和领会的理由。

废话是探测器，除了平息你的不满外，还能形成有效的探测。让人能够把握住自己的情绪有没有到一个彻底的爆发点，你的忍受力还有多少。然后，它让你做出选择，是选择被安抚，还是更加深入地解决眼前的事情。同时，废话也是探照灯。它能帮你准确定位之后需要谈论的话题，和对方感兴趣的事情，让对方因此发现你们有共同的话题而感到和你亲近，愿意给你更多的机会和时间。

生活中,废话多的人总能让人感觉到亲切,总能让人羡慕。

有心理学家做过统计,说的话90%以上是废话的人,他的生活很快乐;低于50%废话的人,他的快乐感明显不足。

"今天天气真好!"这就是一句废话。包括国家元首在内的问候语都包括这句话。每个生活在同一空间里的人,都知道今天天气好不好,可是为什么就有人要说出来呢?其实他说这句话的目的就是要引申出其他更多的意思,包括你心情好不好,想不想活动,支不支持我等,于是乎,后面就有了对答。

"嗯,今天天气真的很好!"

"想不想去哪里玩?"

"想过!"

"本来准备去郊游。"

"可为什么没去呢?"

"没钱啦!"

"这个月没发工资啊?"

"发了,用完了!"

"那么快就用完啦?你都用到哪里去了?"

"买衣服、喝酒……"

一句话就可以引出这么多东西。废话的意思并不明确,可是在生活中,废话却必不可少。它既可以沟通思想,促进感情交流,还可以摸清对方的喜好、性格特征和对自己观点的支持与否。

在心理咨询门诊,有很多很内向的人,他们之所以患上心理疾病,就是因为他们的"废话"太少,交不到朋友,没有地方宣泄感情。在他们的心目中,失礼是最大的事。因为怕讲错话失礼,所以就尽量不讲话,更加不愿意讲废话。事实上,在人们交流的过程中,就是靠废话来联系的。

自从人类创造了语言之后,语言就成了人类最重要的沟通工具,而语言本身却并不一定完全都趋于某种目的的。没有目的的语言,更能让人亲近,更能让人信任。

所以,生活中,废话多的人总能让人感觉到亲切,总能让人羡慕他们,感觉他们是开心的、快乐的、幸福的人。因此,要想成为一个快乐幸福的人,一定要学会多讲废话。

"没话找话"也是一种本事

现实中,"没话找话"也是一种本事。

很多场合都会有人问你:"你从事什么职业?"那么你回答的方式尤为重要。

首先确定你想谈论自己的什么?有没有必要说出自己的头衔?想想更有特色的方式,比如"我是个理财策划。我喜欢告诉人们如何合理消费。你知道吗?我曾经做的(选一个最有意思的个案)……"或者你长话短说,"吊"他人的胃口,这样谈话就很容易继续了。你要是说:"我给别人打针。"对方马上反问:"你是护士还是针灸师?"这样,犹如一场排球比赛,传球接球,你来我往。

"没话找话",尽量让话说的有说下去的意义。

记住,名片显示个人内涵,颜色很重要,颜色能表达你的风格。

学习情景对话

当你与许多人同处陌生环境时,即使是舞会或社交聚会,一定要把它当成一般场合对待。所以——

谈论这个地方。

谈论这个聚会。

谈论共同性(打同样的领带,独处,身材高大)。

谈论天气。

询问时间、地点。

打听他们正在谈论的人。

想要打破僵局,可以这样去做:

"你通过什么方式参加这个组织(俱乐部、活动)的?"

"你觉得这里怎样?很不错,不是吗?"

"好像要下雨了。"

"你是第一次来,还是常来?"

"我在找……,你能帮我吗?"

"我在找……,你知道他长什么样子吗?"

"你是这屋里唯一一个跟我身高一样的人(任何理由都行),我想应该跟你打个招呼。"

"我看到你刚才在和……说话,你是怎么认识他们的?"

"你经常来吗?"

记住要面带微笑,声音悦耳动听。

一旦有了这样的开始,谈话就很容易进行,这会使你在做自我介绍之前的气氛更融洽。

主动进行交往

假设一个情景,你应邀出席一个舞会。之前女主人说要介绍一个新朋友给你,你们会很合得来。当你到场时,女主人正忙得不可开交。她与你寒暄几句,并说要把那位朋友介绍给你认识,说了句"一会儿就来"便走开了。你一晚上都只和几个人闲聊,一直在等女主人的介绍。直到回家,你也没能认识女主人要介绍的那个人。

你完全可以用另一种方式解决这样的问题。

让女主人指出那个人,你主动上去介绍自己。如果他不在,你问清楚他长什么样子。如果女主人不在,问问别人:"我在找……您见过他吗?"如果没有,没关系。如果有,那么你在结识那个人之前又与一个新朋友有了谈资。

对,就应该这样做。自己争取主动,不要指望别人。

同样,如果你看到一个熟悉的人,或者在其他场合见过他。如果你们确实曾见过,哪怕只是匆匆一瞥,走过去提醒他,像这样:"你好,我是某某,我在某某地方见过你。"加一些细节证明,"我记得你告诉过我你在做一个项目(或要结婚,或准备搬家等一切能够产生共鸣的细节),现在进展如何?"

如果你曾在社交场合见过他,而现在是一个商务会议。如果他知道你们之间有那么多共同之处,他会感到更贴心的。

如果他是演讲者或做了些著名的事情,大可把这些作为开场白。例如:"我们以前没见过,但我参加过你的……你主讲关于……你的理论给我留下了很深的印象……"

如果你想把谈话深入,则问他是否有时间详谈;如果你现在没有时间,问问他,迟些联系可不可以,问他喜欢哪种联系方式,电子邮件还是通电话。你会惊讶如此多的人对使用电子邮件感到不便,他们更喜欢通电话,记得多试几次。

小提示:千万别那么鲁莽地走上前去对人家说:"你肯定不记得我了。"这样做会让对方觉得他是个健忘的人。

巧用询问沟通关系

有时人们喜爱自己的工作,有时则不然。不要因为勉强他人谈论敏感话题而破坏谈话气氛。当你询问对方的职业而对方闪烁其词时,通常因为他们不知如何回答或他们不想谈论它。

若你不确定对方是否喜欢自己的工作时,用一种委婉的方式提问:"如果不冒犯你的话,能告诉我你是做什么的吗?"这样做就留有余地了。

你也可以用一个备选问题:"你喜欢做什么?"如果对方看上去兴致勃勃,则继续问,"你做得开心吗?"观察对方的反应。

尽量使话题保持积极的基调,你会惊奇地发现,周围的人变得如此豁达,如此容易相处。

沟通就如同种子一样种在了你的"心灵花园"。如果你不辛勤浇灌,它们永远不会开花结果。

TIPS:练就说"废话"的技巧

最好能上通天文、下晓地理,知识面越宽越好。具体来讲,应该从以下几个方面多下功夫:

礼貌是一个人的名片

无论一个人在社会上扮演什么样的角色,充当什么样的身份,礼貌一直是维持人际关系不断互动的规则。

说话有礼貌的人总是更受人欢迎。礼貌,看似小事,却直接影响着你的形象,以及别人对你的态度。可以说,"礼貌是与人共处的金钥匙",是容易做到的事,也是最珍贵的东西。

找人办事得有个找人办事的样子,要表现得谦卑有礼,别人才会愿意帮助你。有位名人说:"生活中最重要的是有礼貌,它比最高的智慧、比一切学识都重要。"一个习惯于出言不逊的人,自然不会得到别人的喜欢。所以我们在日常交往中一定要注意礼貌待人,以下几点需要注意:

不说粗话

一直以来,我们都被要求在说话的时候一定要文雅,不能说粗话。但是现代的一些新新人类,为了追求新潮或者酷,在人格特质和行为上都喜欢效仿一些电影,于是就出现了大量伶牙俐齿、牙尖嘴利的"粗口一族"。一个受过教育、有涵养的人,如果讲出粗话来,就像一件天鹅绒的晚礼服上被酒鬼吐上了呕吐物一样,让人很难受。

不要用鼻音词来表达意见。不要用"嗯"、"喔"等鼻子发出的声音来表达个人意见的同意与否,这些音调虽然不是粗话,却会令谈话者有一种不受重视的感觉。

有教养

说话有分寸,讲礼节,词语雅致,内容富于学识,是言语有教养的表现。另外,有教养的人懂得尊重和谅解别人,在别人确实有了缺点时委婉而善意地指出。知礼而后知轻重,在为人处世、待人接物上,有礼貌的人秉持"礼"性所表现出来的风范,可以用"君子"来形容。

弄清别人的想法

我们每个人都拥有自己衡量事物的标准。以下是一些例子:

如你有这样一个信念,你认为所有的胖人都很快乐。那么当你遇到一位胖人的时候,你总是能想起他们笑的时候,而忽略了他们不快乐的时候。如果你在这个时候无意扯到"你太胖了,少喝点酒",你觉得他会高兴吗?

或许你认为"自由"在你的生活中是最重要的东西之一。如果你遇到一位工作于"朝九晚五"的人,你就会联想到他失去了自由,你很有可能会为他感到遗憾。可是他认为最有价值的东西,没准儿却是一种安全保证,因为在办公室里工作能给他另一种自由,那就是不用担心下一分钱该从哪里挣到。

对某个人来说,成功或许就是得到了一份工作,而对另一个人来说,成功也可能意味着拥有亿万资产的大买卖。

有人或许会认为性解放意味着至少拥有六个以上的伴侣,而对另一些人来说,它或许意味着一种开放的关系,即能够探测到最远的性范围的关系。

用振奋人心的话代替泄气话

语言能从文学角度反映人们的感受,还可以影响人们对生活的观点。人们越是使用令人泄气的语言,越会觉得没有希望。当人们用饱含"激情活力"的词汇调剂一下自己的语言时,就会感到充满活力,充满希望。

小心下列语言,当你读到它们时,注意你头脑中的想法和内心的感受。

"我都要被压垮了。"

"我遇到了这么多问题。"

"我身处危机之中。"

"这简直是场噩梦。"

"这是我的最后期限。"

"这事十万火急。"

"所有的事情全不对劲。"

"我被困住了。"

"我完全陷入麻烦了。"

你是否经常使用这些语言？注意和经常说这些话的人在一起时，你是感觉开心还是压抑？

更糟的是，有时人们似乎乐此不疲。

经常使用这些泄气的话会令身体释放出肾上腺素，进而给内脏器官，尤其是肾造成很大压力。经常处于这种状态下，对身体很不好。

要改变自己，必须用振奋人心的话代替泄气话。

"这是真正的挑战。"

"我很快就能突破这个难点。"

"阳光总在风雨后。"

"明天是崭新的一天。"

"事情会圆满解决的。"

"转机就在眼前。"

"这是千载难逢的好机会。"

"事情在进展中。"

"我有好几种策略可选择。"

"我知道胜利就在眼前。"

"事情有各种各样的可能性。"

当你听到这些话时，你有什么感受？还需多说吗？你是愿意生活在危机边缘，还是愿意锐意进取？

多使用令人振奋的语言，这是法则。

想想当你使用振奋人心的语言时对他人的影响。看着你自己的微笑，听着你自己用情绪高涨的声音讲的话……感受一下这种美好的感觉。

记下你平时经常使用的词汇和语句。如果出现了令人泄气的语句，赶快用振奋人心的语句来替代。例如,把一项几乎不可能完成的工作说成是挑战你的能力或发挥你的想象力的事情。

有时当你在和朋友讲话时,不小心说了不适当的泄气话,这没有关系,做出些改变即可。对方会从你积极振奋的语言中获益,而忘记你曾说过的泄气话。你甚至可以开个玩笑:"噢,我想我应该收回那句话,重说一遍。我正在尽量使用积极振奋的语言,因为那会让人们感觉好些,不是吗?"笑着举起手说,"错误对我来说是件好事,我正在学习。"当你表现出想从错误当中吸取教训时,人们会很喜欢你那样做。

3.3 巧说、妙说、兜着圈子说

在日常交际交往中,有些人说话直言快语,这种人是非常真诚的,也是非常受欢迎的。但有时候,其语言的效果却并不佳,轻则损害人际关系的和谐,重则给自己造成麻烦,违背言语交际的初衷。而有时有意绕开中心话题和基本意图,采取外围战术,从无关的事物、道理谈起,即"兜圈子",这样做往往可以收到非常理想的效果。

一位哲学家说过:"懂得绕弯子的人,才有可能是达到光辉顶点的人。"

为了不碰钉子并达到自己的目的,不妨试着学会多绕几个弯子。绕弯子并不是放弃,也不是后退,而是为了更快地接近目标。在绕弯子的过程中,我们会发现距离目标越来越近。在很多情况下,即使绕弯子,机遇也不是很多,稍不留意就如白驹过隙。正所谓"机不可失,失不再来",就像一个人想绕出来时,退路已被堵死一样。不是机会太少,而是我们不懂得珍惜它们。

一位编辑向一位名作家邀稿。那位作家是一位不爱说话、不善于应付之人,于是,这位编辑在去他家之前,心中总有一些不安与紧张。

刚开始的时候,无论作家说什么话,这位编辑都说"是,是"或者"可能是这样的",无法开口说明要求作家写稿的事。于是,这位编辑准备改天再来向作家说明写稿的事,今天只是随便聊聊就结束这次拜访。

突然间,编辑脑中闪过一本杂志刊载了有关这位作家近况的文章,于是就对作家说:"先生,听说你有篇作品被译成英文在美国出版了,是吗?"作家猛然倾身过来说道:"是的。""先生,你那种独特的文体,不知道用英语能不能完全表达出来?""我也正担心这点。"于是他们之间就滔滔不绝地聊了起来,气氛也逐渐变得轻松。最后作家答应了这位编辑的邀稿。

案例中的作家是一位非常不爱说话的人,但到最后为什么会因为编辑的一席话,而改变了原来的态度呢?因为他认为这位编辑并不只是来要求他写稿的,而且这位编辑又读过他的文章,对他的事情十分了解,所以不能随便地应付。在求人办事的过程中,要想使别人替你办事,就要像这位编辑一样学会多兜圈子,不要直接提出自己的请求,到时机成熟后再提出,这样会使对方更容易接受。

法国作家勒农说:"你不要焦急!我们所走的路是一条盘旋曲折的山路,要拐许多弯,兜许多圈子。时常我们觉得好似背向着目标,其实,我们总是越来越接近目标。"当你无法前行时,不妨变通一下,用另一个方法来获得成功。只有会兜圈子,懂得绕道而行的人,才会走向成功,在成功的路上才不会碰钉子。

多谈对方的得意之事

人总是喜欢被赞美的。现实生活中,无论是与朋友还是客户交谈,不妨多谈谈对方的得意之事,这样容易赢得对方的认同。如果恰到好处,对方肯定会高兴,并对你有好感。

美国著名的柯达公司创始人伊斯曼,他捐赠巨款在罗彻斯特建造了一座音乐堂、一座纪念馆和一座戏院。为承接这批建筑物内的座椅,许多制造商展开了激烈的竞争。但是,找伊斯曼谈生意的商人无不乘兴而来,败兴而归,一无所获。正是在这样的情况下,"优美座位公司"的经理亚当森前来会见伊斯曼,希望能够得到这笔价值9万美元的生意。

伊斯曼的秘书在引见亚当森前,就对亚当森说:"我知道您急于得到这批订货,但我现在可以告诉您,如果您占用了伊斯曼先生5分钟以上的时间,您就完了。他是一个很严厉的大忙人,所以您进去后要快快地讲。"亚当森微笑着点头称是。

亚当森被引进伊斯曼的办公室后,看见伊斯曼正埋头于桌上的一堆文件,于是他静静地站在那里仔细地打量起这间办公室来。

过了一会儿,伊斯曼抬起头来,发现了亚当森,便问道:"先生有何见教?"

秘书为亚当森作了简单的介绍后,便退了出去。这时,亚当森没有急于谈生意,而是说:"伊斯曼先生,在我等您的时候,我仔细地观察了您这间办公室。我本人长期从事室内的木工装修,但从来没见过装修得这么精致的办公室。"

伊期曼回答说:"哎呀!您提醒了我差不多忘记了的事情。这间办公室是我亲自设计的,当初刚建好的时候,我喜欢极了。但是后来一忙,一连几个星期我都没有机会仔细欣赏一下这个房间。"

亚当森走到墙边,用手在木板上一擦,说:"我想这是英国橡木,是不是?意大利的橡木质地不是这样的。"

"是的,"伊斯曼高兴地站起身来回答说,"那是从英国进口的橡木,是我的一位专门研究室内橡木的朋友专程去英国为我订的货。"

伊斯曼心情极好,便带着亚当森仔细地参观起办公室来。他把办公室内所有的装饰一件件向亚当森作介绍,从木质谈到比例,又从比例扯到颜色,从手艺谈到价格,然后又详细介绍了他设计的经过。

此时,亚当森微笑着聆听,饶有兴致。他看到伊斯曼谈兴正浓,便好奇地询问起他的经历。伊斯曼便向他讲述了自己苦难的青少年时代的生活,母子俩如何在贫困中挣扎的情景,自己发明柯达相机的经过,以及自己打算为社会所作的巨额的捐赠……

亚当森由衷地赞扬他的功德心。

本来秘书警告过亚当森,谈话不要超过5分钟。结果,亚当森和伊斯曼谈了1个小时,又1个小时,一直谈到中午。

最后,伊斯曼对亚当森说:"上次我在日本买了几张椅子,放在我家的走廊里,由于日晒,都脱了漆。昨天我上街买了油漆,打算由我自己把它们重新漆好。您有兴趣看看我的油漆表演吗?好了,到我家里和我一起吃午饭,再看看我的手艺。"

午饭以后,伊斯曼便动手把椅子一一漆好,并深感自豪。直到亚当森告别的时候,两人都未谈及生意。

最后,亚当森不但得到了大批的订单,而且还和伊斯曼结下了终身的友谊。

为什么伊斯曼把这笔大生意给了亚当森,而没有给别人?这与亚当森的口才很有关系。如果亚当森一进办公室就谈生意,十有八九要被赶出来。亚当森成功的诀窍,就在于他了解谈判对象。他从伊斯曼的办公室入手,巧妙地赞扬了伊斯曼的成就,谈得更多的是伊斯曼的得意之事,这样,就使伊斯曼的自尊心得到了极大的满足,把他视为知己。这笔生意当然非亚当森莫属了。

学会赞美别人才能事半功倍

多在第三者面前去说一个人的好话,是使你与那个人关系融洽的最有效的方法。假如有一位陌生人对你说:"某某朋友经常对我说,你是位很了不起的人!"相信你感动的心情会油然而生。那么,我们要想让对方感到愉悦,就更应该采取这种在背后说人好话的策略。因为这种赞美比起一个魁梧的男人当面对你说"先生,我是你的崇拜者"更让人舒坦,更容易让人相信它的真实性。这种方法不仅能使对方愉悦,更具有表现出真实感的优点。

赞美他人,是一件使人与人之间感情融洽、于人于己有益无害的事情。真诚地、恰当地赞美他人,则好似增强人与人之间友谊的润滑剂,使自己容易被人接受。如果我们与人交往时易被人接受,易使人亲近,这无疑会给我们增添许多信心,使我们更大胆地说话,更有勇气参加社交活动。所以,从某种意义上说,能够艺术、中肯地赞美他人,也会增添我们说话的信心和魅力。

环顾你的周围,你就会发现除了某些共有的缺点之外,我们每个人都拥有一些别人所没有或不能拥有的优点:小王是把钱看重了一点,但他富有正义感;小李文化不高,但言谈比一些大学生还要有礼;小张不会跳舞,但歌唱得非常好……也许在我们的办公室中,我们的同事就有一些我们想学学不到、想模仿模仿不了的优点:他成天快活,我则是一脸苦相;她口齿伶俐,而我呆嘴笨舌。

以下是两个最简单的赞美方法:

夸人减龄

芸芸众生每一个人都希望自己永远年轻,因此成年人对自己的年龄非常敏感。

由于成年人普遍存在怕老心理,所以"夸人减龄"就成了讨人喜欢的说话技巧。这种技巧在于把对方的年龄尽量往小了说,从而使对方觉得自己年轻,养生有术等,产生一种心理上的满足。比如一个三十多岁的人,你说他看上去只有二十多岁;一个六十多岁的人,你说他看上去只有四五十岁。这样说对方是不会认为你缺乏眼力,对你反感的,相反,他会对你产生好感,形成心理相容。

"夸人减龄"这种方法只适用于成年人(特别是中老年人),相反,对幼儿、少年,用"逢人长命"(年龄往大了说)的方法效果更好,因为他们有一种渴望成长的心理。

遇货添钱

货,就是购买的物品。买东西是再平常不过的日常行为。在我们的心中,能用"廉价"购得"美物",那是善于购物者所具有的特质,是精明人的一种象征。虽然我们不会,也不可能都是精明购物者,但我们还是希望我们的购物能力能得到别人的认可。因此,当我们买了一件物品之后,如果花了50元,别人认为只需30元时,我们就会有一种失落感,觉得自己不会买东西。

但当我们花了30元,别人认为需要50元时,我们则有一种兴奋感,觉得自己很会买东西。由于这种购物心态的存在,"遇货添钱"这种说话方式也就能打动人心。

甲买了一套款式不错的西服,乙知道市场行情,这种衣服两三百元完全可以买下。于是乙在品评时说:"这套西服不错,恐怕得六七百元吧?"甲一听笑了,高兴地说:"老兄,你说错了,我160元就买下啦!"

这里乙的说法就很有技巧性,在他不知道甲花了多少钱买下这套衣服的情况下,故意说高衣服的价格,使对方产生成就感,当然也就使得对方高兴了。

"遇货添钱"法能讨得对方欢心,操作起来也简单,对其"价格高估"就行了。当然,"价格高估"时也需要注意,一要对物价心里有底,二不能过分高估,否则收不到好的效果。

3.4 认真倾听、适时插话,吸引众人注意力

很多人擅长侃侃而谈,并以此为荣。不错,在很多时候,这些人奔放的思想、精彩的言辞烘托了交际氛围,使大家能交融在一起,彼此可以更高兴、友善地交流沟通。但对有些人来说,如此的举止或许能为他们赢来朋友,却得不到对他们有用的信息。这样的方式只会使他们付出,却无法收获什么。

想成功就要认真倾听,不放过任何一个有用的信息

人的能力毕竟有限,肯定有许多东西是我们个人所无法了解的。通过倾听别人的谈话,我们可以获取许多有用的信息,可以分享别人的知识和经验,为我们的思考提供帮助。

1951年,威尔逊带着母亲、妻子和5个孩子,开车到华盛顿旅行。他们一路所住的汽车旅馆,房间矮小,设施破烂不堪,有的甚至阴暗潮湿,又脏又乱。几天下来,威尔逊的老母亲抱怨说:"这样的旅行度假,简直是花钱买罪受。"善于思考问题的威尔逊听到了母亲的抱怨,又通过这次旅行的亲身体验,得到了启发。他想:我为什么不能建立一些方便汽车旅行者的旅馆呢?经过反复琢磨,他暗自给汽车旅馆起了一个名字叫"假日酒店"。

想法虽好,但没有资金,这对威尔逊来说,确实是最大的难题。拉募股份,但别人没搞清楚"假日酒店"的模式,不敢入股。威尔逊没有退缩,心中只有一个念头,必须想尽办法,首先建造起一家"假日酒店",让有意入股者看到此模式后,放心大胆地参与募股。远见卓识、敢想敢干的威尔逊冒着失败的风险,果断地将自己的住房和准备建旅馆的地皮作为抵押,向银行借了30万美元的贷款。1952年,也就是他旅行的第二年,终于在美国田纳西州孟菲斯市夏日大街旁的一片土地上,建起了第一座"假日酒店"。5年以后,威尔逊将"假日酒店"建到了国外。

倾听别人说话,是处世中必不可少的内容。能够耐心听别人说话的人,必定是一个富于思想的人。威尔逊就是一个有思想的人。他的成功,在于他能注意倾听别人的谈话。

我们在吸取他人有益的思想时,必须做的事就是要像威尔逊那样,学会倾听。听别人说了些什么,从他人的语言中提炼有价值的信息,便于自己思考时使用。

我们的听觉不仅仅是一种感觉,它是由4种不同层面的感觉层组成的:生理层、情绪层、智力层和心灵层。眼睛和耳朵是思维的助手,通过它们我们可以感觉到真正的意味。当它们"动作"协调时,我们就能够真正听到别人在说些什么,而不是草率地听。

做一个耐心的倾听者要注意6个规则:

规则一:对讲话的人表示称赞。这样做会造成良好的交往气氛。对方听到你的称赞越多,他就越能准确表达自己的思想;相反,如果你在听话中表现出消极态度,就会引起对方的警惕,对你产生不信任感。

规则二:全身心注意倾听。你可以这样做:面向说话者,同他保持目光的亲密接触,同时配合标准的姿势和手势。无论你是坐着还是站着,与对方要保持在最适宜的距离上。我们亲身的经历是,只愿意与认真倾听自己、举止活泼的人交往,而不愿意与推一下转一下的"石磨"打交道。

规则三:以相应的行动回答对方的问题。对方和你交谈的目的,是想得到某种可感觉到的信息,或者迫使你做某件事情,或者使你改变观点,等等。这时,你采取的适当行动就是对对方最好的回答方式。

规则四:别逃避交谈的责任。作为一个听话者,不管在什么情况下,如果你不明白对方说出的话是什么意思,你就应该用各种方法使他知道这一点。比如,你可以向他提出问题,或者积极地表达出你听到了什么,或者让对方纠正你听错之处。如果你什么都不说,谁又能知道你是否听懂了?

规则五:对对方表示理解。这包括理解对方的语言和情感。有个工作人员这样说:"谢天谢地,我终于把这些信件处理完了!"这就比他简单说一句"我把这些信件处理完了"充满情感。

规则六:要观察对方的表情。交谈很多时候是通过非语言方式进行的。那么,就不仅要听对方的语言,而且要注意对方的表情,比如看对方如何同你保持目光接触、其说话的语气及音调和语速等,同时还要注意对方站着或坐着时与你之间的距离,从中发现对方的言外之意。

在倾听对方说话的同时,还有几个方面需要努力避免:

第一,别提太多的问题。问题提得太多,容易造成对方思维混乱,使对方的精力难以集中。

第二,别走神。有的人与别人谈话时,习惯考虑与谈话无关的事情,对方的话其实一句也没有听进去,这样做不利于与人交往。

第三,别匆忙下结论。不少人喜欢对谈话的主题做出判断或评价,表示赞许或反对。这些判断或评价、赞许或反对,容易让对方陷入防御地位,造成交际的障碍。

再列举5点令人满意的听话态度:

①适时反问。

②及时点头。

③提出不清楚之处并加以确认。

④能听出说话者对自己的期望。

⑤辅助说话的人或加以补充说明。

倾听中的插话技巧

一个倾听高手在倾听过程中应如何插话,才有助于达到最佳的倾听效果呢?

根据不同对象可采取不同的方法。

第一,当对方在同你谈某事,因担心你可能对此不感兴趣,显露出犹豫、为难的神情时,你可以趁机说一两句安慰的话。

"你能谈谈那件事吗?我不十分了解。"

"请你继续说。"

"我对此也是十分有兴趣的。"

此时你说的话是为了表明一个意思:我很愿意听你的叙说,不论你说得怎样,说的是什么。这样可以消除对方的犹豫,坚定他倾诉的信心。

第二,当对方由于心烦、愤怒等原因,在叙述中不能控制自己的感情时,你可用一两句话来疏导。

"你一定感到很气愤。"

"你似乎有些心烦。"

"你心里很难受吗?"

说完这些话后,对方可能会发泄一番,或哭或骂都不足为奇。因为,这些话的目的就是把对方心中郁结的一股异常情感"诱导"出来,当对方发泄一番后,会感到轻松、解脱,从而能够从容地完成对问题的叙述。

值得注意的是,说这些话时不要陷入盲目安慰的误区。不应对他人的话做出判断、评价,说一些诸如"你是对的"、"他不是这样"一类的话。你的责任不过是顺应对方的情绪,为他架设一条"输导管",而不应该"火上浇油",强化他的抑郁情绪。

第三,当对方在叙述时急切地想让你理解他的谈话内容时,你可以用一两句话来"综述"对方话中的含义。

"你是说……"

"你的意见是……"

"你想说的是这个意思吧……"

这样的"综述"既能及时地验证你对对方谈话内容的理解程度,加深对其的印象,又能让对方感到你的诚意,并能帮助你随时纠正理解中的偏差。

以上三种倾听中的谈话方法都有一个共同的特点,即不对对方的谈话内容发表判断、评论,不对对方的情感做出是与否的表示,始终处于一种中性的态度上。切记,有时在非语言传递的信息中你可以流露出你的立场,但在用语言传递信息时切不可流露,这是最重要的。如果你试图超越这个界限,就有陷入倾听"误区"的危险,从而使一场谈话失去方向和意义。

想要从另一方那里得到更多的东西,就必须做到这一点:多听少说。谁说得越多,谁获得的东西就越少。

在沟通中,让对方说得越多,你了解对方真正意图的机会就越多。所谓知彼知己,百战不殆。当你掌握的对方的情况远比对方知道的你的情况要多时,你就自然把握住了先机。

乱插嘴的人令人讨厌

在社交场上,你时常可以看到你的一个朋友和另外一个不认识的人聊得起劲,此时,你可能就会有加进去的想法。

因为你不知道他们的话题是什么,而你的突然加入,可能会令他们觉得不自然,也许因此使话题接不下去。更糟的是,也许他们正在进行着一项重大的谈判,却由于你的加入"使他们无法再集中思想"而无意中失去了这笔交易;或许他们正在热烈讨论,或苦苦思索解决一个难题,正当这个关键时刻,也许由于你的插话,会导致对他们有利的解决办法告吹,到后来场面气氛就会转为尴尬而无法收拾。此时,大家一定会觉得你没有礼貌,进而使人都厌恶你,导致你的社交失败。

假设一个人正讲得兴致勃勃时,你突然插嘴:"喂,这是你在昨天看到的事吧?"因为你打断他说话,说话的那个人绝对不会对你有好感,很可能其他人也不会对你有好感。许多不懂礼貌的人总是在别人谈着某件事的时候,在别人说到高兴处时,冷不防地半路杀进来,让别人猝不及防,不得不偃旗息鼓。插话的人不会预先告诉你,说他要插话了。插话的人,有时会不管你说的是什么,而将话题转移到自己感兴趣的方面去,有时是把你的结论代为说出,以此得意洋洋地炫耀自己的口才。无论是哪种情况,这样的人都会让说话的人顿生厌恶之感。因为随便打断别人说话的人根本就不知道尊重别人。

培根曾说:"打断别人,乱插嘴的人,甚至比发言者更令人讨厌。"打断别人说话是一种最无礼的行为。

有一个老板正与几个客户谈生意,谈得差不多的时候,老板的一位朋友来了。这位朋友插进来了,说:"哇,我刚才在大街上看了一个大热闹……"接着就说开了。老板示意他不要说,而他却说得津津有味。客户见谈生意的话题被打乱,就对老板说:"你先跟你的朋友谈吧,我们改天再来。"客户说完就走了。

老板的这位朋友乱插话,搅了老板的一笔大生意,让老板很是恼火。随便打断别人说话或中途插话,是有失礼貌的行为。有些人存在着这样的陋习,却没在意,结果往往在不经意之间就破坏了自己的人际关系。

每个人都会有情不自禁地想表达自己想法的愿望,但如果不去了解别人的感受,不分场合与时机,盲目打断别人说话或抢接别人的话头,这样会扰乱别人的思路,引起对方的不快,有时甚至会产生误会。

要获得好人缘,要想让别人喜欢你,接纳你,就必须根除随便打断别人说话的陋习,在别人说话时千万不要插嘴,并做到:

不要用不相关的话题打断别人说话;

不要用无意义的评论打乱别人说话;

不要抢着替别人说话；

不要急于帮助别人讲完事情；

不要为争论鸡毛蒜皮的事情而打断别人的话题。

3.5 问题提得好，是打开"话匣子"的钥匙

有一位主管，发现一位员工最近工作表现大不如前。他虽然对这位员工的业绩不满意，但并不打算急于责备。

他把员工请到办公室，问："你一向对工作都很在意，从来不是一个马虎的人，但最近你好像很不开心……难道是家里出了什么事情吗？"

员工的脸变红了，几分钟后，他才点头。

"我能帮忙吗？"主管又问。

"谢谢，不用。"

接下来，员工开始滔滔不绝地谈他的苦恼。因为他发现他太太得了肝癌，而且是晚期。对这件事，谁也无能为力。他们聊了一个多小时。

谈话结束后，这位员工的情绪看起来好多了，后来他的工作有了长足的进步。

人与人之间的交流即双方的沟通，最忌讳的是对方始终沉默不语。那么如何打开对方的"话匣子"呢？最好的方法是提问。只顾着自己不断地说话，是无法了解对方关心的问题的，所以让对方说话，非常重要。

也正是通过提问，使得我们对别人的需要、动机以及正在担心的事情具有一种相当深入的了解，有了这样的答案，他人的"心灵大门"也就对你敞开了。

凤凰名嘴阮次山在"风云对话"中访谈新西兰新上任的年轻帅气总理约翰·基时，是这样开始的："听说您的手臂摔伤了，现在好些了吗？"

总理笑笑答道："已经没事了。我当时是在一个庆祝中国牛年新年的活

动中，不小心滑了一下，用手撑地，就折了。他们给我打了石膏，后来这个石膏拍卖所获得的款项都已经捐给了慈善基金会。"

"您确定已经没事了呵。"

"哈哈，没事。"约翰还随手做了动作。

这种高端访谈本来就是很具有严肃性、政治性的，但是阮次山却运用了这样的一个关心身体健康的问题作为开头，既把双方都带入了一个轻松的环境，让对方放松，以便能有利于随后的访问；又让对方的回答能够表现出他对中国的友好和他对慈善的关心和贡献。

伏尔泰说："判断一个人凭的是他的问题，而不是他的回答。"确实，问题提得好，是高明说客的一项标志。好的问题，有助于人们整理自己的思想和感受。

我们要善于提出一些问题，然后用心去倾听他人的答复。除了用心倾听之外，还要不时地插入一些问题，以便进一步询问。要掌握主导权，一步一步借题发挥。

一位靓丽的"摩登女郎"在一个首饰店的柜台前看了很久。售货员问了一句："这位女士，您需要买什么？""随便看看。"女郎的回答明显缺乏足够的热情。可她仍然在仔细观看柜台里的陈列品。此时售货员如果找不到和顾客共同的话题，就很难营造买卖的良好气氛，可能会使到手的生意溜走。细心的售货员忽然间发现了女郎的上衣别具特色："您这件上衣好漂亮呀！"

"啊？"女郎的视线从陈列品上移开了。

"这种上衣的款式很少见，是在隔壁的百货大楼买的吗？"售货员满脸热情，笑呵呵地继续问道。

"当然不是，这是从国外买来的。"女郎终于开口了，并对自己的回答颇为得意。

"原来是这样，我说在国内从来没有看到过这样的上衣呢。说真的，您穿这件上衣，确实很吸引人。"

"您过奖了。"女郎有些不好意思了。

"只是……对了，可能您已经想到了这一点，要是再配一条合适的项链，效果可能就更好了。"聪明的售货员终于顺势转向了主题。

"是呀，我也这么想，只是项链这种昂贵商品，怕自己选得不合适……"

"没关系，来，我来帮您参谋一下……"

……

聪明的售货员正是巧妙地运用了提问的艺术，搭起相识的桥梁。然后顺势引导那位陌生的女郎，最终成功地推销了自己的商品。

如果你有足够的信心和超人的勇气，主动、热情地同他人说话、聊天，通过提出恰当的问题，让对方有话可说，并且乐意开心地说，你还可以在话语中逐渐摸索、试探，成功肯定属于你。

这就需要我们找对那把"钥匙"，来打开对方的"话匣子"。

首先，在询问的过程中，我们要逐渐了解对方关心的内容，而且以此为重点，让话题继续进行下去。

比如，你要和一名医生谈话，而你对医学的了解完全是"门外汉"。这时，你就可以用提问的方式来打开局面。"近来食品添加剂的事情越来越让人揪心，不知道这些食品添加剂会对我们的身体有什么不好的影响"，一个和时令或新闻有关的问题，同时又切近对方的工作，这样一来，就可以和对方谈下去。可以往下谈的内容很多，从食品添加剂谈到对身体的影响，谈到日常饮食的注意事项和保健……只要他不厌烦，就可以一直引导他谈下去。

如果我们碰到的是一个房地产经纪人，就可以问他"近来国家宏观调控下的房价走向如何"。

如果碰到家电业的人，则可以请教他"国产电器和国外电器相比，性价比如何"。

如果我们碰到的是教师，我们可以问他"学校的情况怎么样"。

……

假若你的一个话题使对方产生了浓厚的兴趣，那么无论他是一个如何沉默的人，他都会发表一些言论的。因此，你在谈话的间隙，一定要想法寻找对方感兴趣的话题,并且不断地激起对方谈话的兴趣,使谈话能够一直持续下去。

当你对做父母的人称赞他们的孩子,甚至表示你对那孩子感兴趣时,那么孩子的父母很快便会成为你的朋友了。给他们一个谈论其孩子的机会,他们就会很自然而又无所顾忌地滔滔不绝了。

我们在日常生活、工作中会接触到很多不同的人,如果你想和对方快速建立起友好的关系,获得你想得到的信息,就要找话题拉近彼此的距离。提问是最常用的方式。但是因语言组织不当,很多人的提问反而引起别人的反感或警惕。先了解问题的本质,更有利于我们做出恰当的提问。

问题共分为两种形式:封闭式和开放式。

封闭式问题

封闭式问题有点像对错判断或多项选择题,回答时只需要一两个词。例如:

"你是哪里人?"

"你经常跑步吗?"

"我们今晚什么时间出去吃饭,5:30、6:00还是6:30?"

"你是否认为应该关闭所有的核电站?"

封闭式问题可以让对方提供一些关于他们自己的信息,供你做进一步的了解("我在北京出生,但是在上海长大。""是的,我每天跑3公里。");也能够让他们表明自己的态度("我6点有空。""我觉得没必要关闭已有的核电站,但是也不希望再建造新的。")。

尽管它们有着明确的作用,但是如果单纯地使用封闭式问题,会导致谈话枯燥,产生令人尴尬的沉默。

开放式问题

要想让谈话继续下去,并且有一定的深度和趣味,就要继封闭式问题之后提出开放式问题。

开放式问题就像问答题一样,不是一两个词就可以回答的。这种问题需要解释和说明,同时也向对方表示你对他们说的话很感兴趣,还想了解

更多的内容。

例如,在获知女孩的母亲不上班,全职在家带孩子的时候,不应该急于问下一个封闭式问题,而可以问一些相关的开放式问题:

"带孩子是一件挺辛苦的事情吧?"

"你给孩子报了什么兴趣班吗?

从以上的例子可以看出,大多数的开放式问题和封闭式问题使用的疑问词是不同的。你可能注意到,一些人会以开放的方式来回答封闭式问题。尽管如此, 与你交谈的人还是喜欢在回答开放式问题时给出更长的回答,因为这类问题鼓励他们自由地谈话。在你提出开放式问题时,别人会感到放松,因为他们知道你希望他们参与进来,他们也想充分表达自己的想法。

再者,当你开口提问题的时候,你在很大程度上控制着话题的选择。

假定有朋友告诉你:"我刚从法国回来。"你可以根据自己的喜好,从以下例子中选择你的问题:

"那里气候怎么样?"

"你是怎样做到和法国人交谈的?"

"告诉我最让你难忘的事情。"

"你是怎样订到宾馆房间的?"

"法国食品和我们的有些什么不同?"

如果有人向你自我介绍,说她是中学的辅导员,下面这些问题可供你选择:

"你为什么想做辅导员呢?"

"要从事这项工作,需要具备哪些条件?"

"告诉我一些孩子们经常向你求助的问题。"

"在今天的校园中,早恋的情况怎么样?"

"每天倾听别人诉说苦恼,对你的人生态度有什么样的影响?"

或者,如果你不想谈论她的工作,你也可以问一些宽泛的问题,例如:"工作之余你有些什么娱乐活动?"

最后,要牢记以下两点:

第一，提问题的时候要持愿意倾听的态度。无论你多么善于交际，如果你只是冷冷地流于形式，对方最终会感觉到你只不过是在设法让他对你产生好感而已。

第二，尽量保持双重视角。不仅考虑到自己想听什么、想说什么，还要考虑到对方的需要。最令人讨厌的就是毫不顾及别人的想法和需求。在一次鸡尾酒宴会上，我听到一个看上去挺高贵的绅士对一位女士说："说了这么半天都在谈论我，现在谈谈你吧。你觉得我这个人怎么样？"这样的提问，让女士对这场谈话顿失兴趣，也在内心对这位绅士有了"自大、无礼"的坏印象。

请注意——这些是提问时常见的"问题"

问题过于宽泛

敏儿是一位大学行政人员的妻子，最近在一次聚会上，她说自己对生活感到厌烦。

为什么呢？"因为一整天，陪伴我的就只有三岁的孩子。因此丈夫一回来，我就问：'今天怎么样？'我真的是想得到他的回答。但是他说什么呢？'没什么，就跟平常一样。'然后他就打开电视看起来了。"

敏儿犯了几个简单的错误：

第一，她的询问范围太广。提问题就像开水龙头一样，范围放得越开，得到的回应就越多——直至最后的极限。敏儿这样宽泛的问题（像"有什么新的消息？""最近忙些什么？""说说你自己的情况！"）往往需要很多的精力和时间来回答，所以多数人都会选择放弃。

第二，"今天怎么样？"这样的问题听起来更像是一句套话，随口说说而已，而不是真想了解什么情况。回答往往也是套话，例如"很好"或者"还行"。

最后，敏儿每天都问同样的问题。这不仅让对方更认准为套话，而且每天都要回答这样毫无创意的问题，很可能也会让她的丈夫感到厌烦。

我建议敏儿每天读一些学校和当地的报纸，然后在她的丈夫休息片刻之后，就丈夫比较熟悉的话题提出一些具体的开放式问题。以下就是她的成果：

那天晚上，我告诉丈夫我听说学校要重新设定对文科学生的外语要求。我问他对此有什么看法。接着我们就开始讨论学习外语是否有助于学生更好地去了解别的国家。我们还谈论了各自学外语的经历。结果两人开始用中学时学的蹩脚英语交谈，开心得不得了。最后，我们都谈得很累了，但是很开心。他吻了我一下，小声对我说："亲爱的，你太棒了！"

这不是一次非常成功的尝试吗？

开始的问题太难

南京的一位叫李杰的4S店老板跟我们分享了他的诀窍：

顾客一走进来，我并不问他有什么需要。这个问题太难了点，他会因为紧张而放弃。如果我追问得太紧，他很可能会马上离开。因此，我问他现在住在什么地方。这个问题让他很轻松，感到自然。一段时间之后，他或我就会自然地把话题转到他的需要上去。

李杰的建议也适用于社交场合。通常情况下，最好是以简单的问题开始，谈论一些对方感兴趣并且熟悉的话题。

问引导性问题

引导性问题可能是最封闭式的问题了，往往只需要得到对方的同意。例如：

"已经8:30了，今晚就待在家里好吗？"

"你不认为他们是对的，是吗？"

"每天晚上看两个小时的电视就足够了，你说呢？"

……

法庭上的引导性问题会使发问的律师受到训斥。在社交场合中，这样的问题也不会给你的人际关系带来好处。

提问之前就已经表示不赞同

当对方的观点和你不一致，你想讨论彼此的不同之处时，应在问明对方理由之后再表达不赞同的意见。例如,我曾在东北林场碰见一个人,他对我说他最大的爱好就是打猎。我不喜欢打猎,但是嘴上没说,而是以询问的口吻接着问他:你认为打猎最大的好处是什么? 从谈论中,我了解到他能在打猎中体验到很大的挑战,而且他认为像他这种猎人在生态循环中起着重要的作用。

找不到提问的内容

如果有机会事先准备一些问题,会比完全依靠自己的临场发挥容易很多。

露露是师范大学的学生,她发现事先的准备非常有用,不过方式与上面的故事有些不同:

以前打电话的时候,尤其是跟班主任通话时,我常常会紧张到忘记谈及重要的内容,或者问一些很急的问题。因此我经常是羞愧地重新拨过去,或者干脆把这件事忘得一干二净。最近,我开始列出清单。现在我可以完全放松了,因为清单上的内容没有说完我是不会挂电话的。

另外,有意识地记住一些备用问题,也很实用而且有趣,它们可以随时有效地打开尴尬的局面。比较实用的有:

"给你印象最深的老师是谁? 为什么? "

"如果要你另选一个行业(或者专业),你会如何选择? (对方回答)为什么? "

"如果你能够在地球上的任意一个地方待一星期,你会选择哪里? 做些什么? "

最后需要注意的一点是,刚开始学习提出开放式问题时,需要着意去努力。但是如同走路和书写等技能一样,一段时间之后你就会做得很自然了。

第四章 ＞＞＞＞

让人生丰富多彩的"包装衣"

谁都想当老好人,谁都不想得罪人,谁都想在公司受到尊重……于是,你处心积虑地讨好同事,想尽办法搞好与他人的关系,绞尽脑汁地做"万金油"。

在这个让人眼花缭乱的世界中,每一个人都需要包装,从内涵到外表,从声音到时间,包装让我们的人生更加丰富多彩。

4.1 悦耳动听,给你的声音加点"料"

马青远是一家颇有实力的经贸公司的经理,每天都会有许多人打电话与他洽谈合作事宜,而最近他却出人意料地与一家名不见经传的小企业签了一份为数不小的订单。

马青远说:"这还真得归功于那位打电话过来的女业务员。其实她也没有什么过人的口才,只是很客观地向我介绍他们的企业和产品。她的声音低沉而有力,语调里传达出语言所无法表达的诚恳、热情和自信。我不由自主地就信任她。通了几次电话后,我又亲自去实地考察了一番,最终达成了协议。通过这件事我得出一个结论：动听的声音在愉悦听觉的同时，也为说话的人增添了几分吸引力。"

一位执行董事因其单调、乏味的说话方式，而令自己的领导效率大打折扣；一位高级经理人，因为其声音粗哑，而与晋升失之交臂；一位广告经理人因为说话的声音软绵绵的，并且不清楚，而使原本极具震撼力的创意陈述变得平淡无奇；一位销售经理人因为说话像开机关枪一样，而让他的客户觉得难受，并且无法信任他；一位国际顾问因为说话带着浓重的外国口音，而令人们很难听懂她在说些什么……

不论你喜欢与否，外界对一个人的判断，并不是看他的学识或行为如何，也不是看他讲话内容的好坏，而是根据他讲话的方式来进行判断。

加州大学洛杉矶分校的一项调查显示，在决定第一印象的各种因素中，视觉印象（即外貌）占55%，声音印象（即讲话方式）占38%，而语言印象（即讲话内容）仅占微不足道的7%。如果是电话交谈，由于不存在外貌因素的影响，声音更是占到83%的比重。

几年前，有一个针对"最不受欢迎的声音"的调查，1000名男女受访者被问及"哪种讨厌或烦人的声音让你觉得最不舒服"。结果，带有哀叹、抱怨和挑剔的口气的声音高居榜首。榜上有名的还有：尖锐的声音、刺耳的摩擦声、嘟嘟囔囔的声音、放机关枪似的声音、娘娘腔、单调乏味的声音，以及浓重的口音。

显然，声音是一个非常重要的沟通工具。它能够清楚地表明你是谁，并且决定了外界如何倾听你以及怎样看待你。许多经理人，他们既有着前进的能力，也有着前进的动力，但却因为一个普通的"说话"问题，阻碍了自己的成功之路——包括职业和生活两个方面。

你的声音如何，可以让倾听者对你留下两种完全不同的印象，可能是果断、自信、可靠、讨人喜欢的印象，又或者是不可信、软弱、讨厌、无趣、粗鲁甚至不诚实的印象。事实上，糟糕的声音会轻易毁掉一个人的职业生涯和他的人际关系网络。那些过分重视礼仪和外表的人，往往不约而同地忽视了声音在自己给他人留下的印象中所起的重要作用。

你的声音听起来怎么样？找出其中自认为比较好的一两个方面,再找出一到两个需要改进的地方。

摆脱发音的"毛病"

好消息是,你可以改变自己说话的方式。因为,即使你已经习惯于用一种固定方式说话,也并不意味着你就摆脱不了你现在的声音了。一些简单的声音和演讲训练可极大地改变你给别人留下的印象。

比方说,如果你讲话时鼻音很重,那么你可以尝试多用喉音说话。

如果你的问题在于语速过快,那这就不仅是一个讲话的问题了,还可能减少别人对你的信任。毕竟,你会信任一个说话像蹦豆一般的保险代理或证券经理人吗?这个毛病不像看上去那么容易改掉。你试图减慢语速,却发现不出几秒钟,自己又回到了原来的速度上。这确实令人沮丧。个中原因在于,没有人能告诉你如何把语速降下来。紧张的人,或者脑袋转得比嘴巴还快的人,尤其容易犯这个毛病。他们总是想一口气说太多话。

控制语速的关键在于,要学会在说话时偶尔停顿一下。呼吸的停顿,实际上就是为你的思考加上"逗号"。它会帮助你将思绪分解成更小、更易控制的单元,从而调节好语速。而且,停顿还便于听众有更多时间来消化你之前所说的话。

如果你的问题是吞音或漏词呢?你也知道口齿不清会让听者不知所云。然而,问题远不止于此。声音含混,会显得你拙于言辞、缺乏修养、懒散,而且粗心大意,这显然不是你希望留给别人的印象。漫不经心的谈话往往反映出你没有经过认真的思考,或者让人觉得你在试图隐瞒些什么。

那么如何解决呢?对新手来说,首先检查一下自己的语速。语速一快,就会造成吞音或漏词。不过,有些人即使说话很快也依然字正腔圆。因此,要清晰地发音,关键是要了解自身语速的极限,你应该用自己力所能及的语速说话。

此外,如果你说起话来总是含混不清,可能是因为你在说话时嘴张得不够大。有位经理人在说话时就像在表演高超的口技——他说话时上下排牙齿几乎不分开。经过几周的专业训练,他终于可以张大他的嘴了,他的声音也变得更加清晰。假如你原本不习惯张大嘴说话,训练一开始你会觉得很滑稽。然而为了更清晰地发音,这只是你需要付出的一个小小代价而已。

为声音注入"活力"

你有没有过这样的经历:在某次会议上,你的发言得不到听众太大的反应,但几分钟后别人说了同样的事,却得到了所有人的关注和赞赏?也许,问题的症结不在于你说话的内容,而在于你说话的方式。

在一次重要的行业会议上,有位经理人作了发言。作为领导,他备受尊敬;作为演讲者,他的声音却让人难以接受。以前,即使是在发挥最好的时候,他的声音听起来还是很单调;而在发挥最差的时候,说他是"五音不全"也不冤枉。这次演说好像也不会有奇迹出现。

然而,有趣的事情发生了。这位经理人在一开始讲述了一个关于自己的故事,他的声音突然起了变化,使原本平淡的演说融入了鲜活的色彩与激情。

关于该如何演讲,这位经理人获得了一个简单的解决方案——就是把演讲内容当成一个大故事来讲。"讲故事"而非"作演讲",使他得以展现出真实的自己,并且说话也更加自如了。

说来也奇怪,许多人竟然认为平淡的演讲是权威性的表现。为了表现得有条理,他们执着于那种干巴巴的、生硬的"领导人式发言",言语间全无任何感情。他们错误地认为,在演讲中带上个人色彩和表情会让自己看上去十分做作。然而,单调的声音只会使听众昏昏欲睡。

那么,我们的耳朵愿意听到什么样的声音呢?想象你正在听两段不同的音乐,第一段有4个音符,第二段有12个音符。哪一段音乐能更持久地吸引住你?当然是后者,因为它变换丰富。对人的声音的感受也是一样。声音越丰富多彩,变化越多,就越能抓住听众的注意力。

我们中的大多数人,他们说话时的声音多少会有些变化。但区别演讲者优劣的关键在于,单调的演讲者没有充分地变换语调,也就是说他没有注意语调的抑扬顿挫,从而让听众觉得十分乏味。

拿格林斯潘和克林顿做个对比。前者的声音听上去十分平淡、缺少变化,后者则很有表现力,语调变换也很丰富。在演讲中,让你的声音多一些高低起伏,不但会使你的演讲内容显得更加有说服力,而且也更能表明你会对自己所说的话负责。

具体可以这么做:说到最关键的信息时,改变音调。通常,用来限定或描述事物的词语,如形容词、副词和行为动词,最好加重语气。如果你还不习惯抑扬顿挫地来说话,就必须多使用高音,从而获得最佳效果。

接受系统的训练

当然,即使是颇富魅力的演讲者,在某些特定情况下也可能会失去光彩,比如当他们极度疲劳时。因此,历经一趟漫长的空中旅程后,在讲话时要格外注意让自己的声音充满弹性,至少这样听上去能让人显得愉快、有活力。毕竟,没有哪个员工会愿意听到经理疲惫不堪的声音。

重复相同的内容也会让演讲变得无聊、沉闷。想想那些百老汇的演员,他们总在重复着一成不变的台词,日复一日,年复一年。但是,他们每一次都必须唱得悦耳动听。他们是怎么做到的呢?从某种程度上来讲,他们把工作当成了一种游戏。首先,他们大量应用声线的变化。其次,他们不断尝试不同的音调。因此,几乎没有哪两场演出是完全相同的。由此可见,变换音调能使演讲内容听上去更具新意,更像是即兴发挥的。

此外,当你需要讲述复杂的或者技术性的内容的时候,也要充分利用你的声音。许多演讲者认为,使用技术术语能够给听众留下较为深刻的印象。但是,如果使用不慎,这些术语反而会使演讲变得枯燥乏味。

有位经理人需要就一个非常专业的题目作演讲。在我们指导他的过程中,当我们试图让他美化自己的发言时,他突然停下来说:"行了,对这样的内容,我只能做到这种地步了。"其实,他的这种想法是大错特错的。永远不要把自己枯燥的演讲归咎于内容。无论演讲的内容看上去有多么的无趣乏味,作为演讲者的你都必须让它听起来趣味横生,这就是你的工作。

还有一位执行董事,她遇到的是另一个问题。每天快下班时,她的声音就会变得很粗糙、沙哑。她问我们该如何改善。于是我们给她制订了每日的声音训练计划。可她却惊讶地叫起来:"每周五天,每天我都要不停地说上好几个小时,可为什么我的声音并没有变得更有力呢?"

答案在于,你不可能仅仅通过平时的说话来练就洪亮有力的声音。日常说话是无法和正规的训练相比的。要练就洪亮、有力的声音——这种声音能够引起别人的注意,帮你赢得他人的尊重,因此你需要接受系统的发声训练。

多长时间后你的声音就能够得到明显改善呢?这取决于你愿意付出多大的努力。你得培养自己对挖掘声音的极致潜力的渴望与动力,不要满足于达到最低标准。毕竟,你的声音听起来越悦耳,你可以获得的机会就越多。最后请记住,无论这是否公平,在你的个人生活与职业生涯中,人们总是通过你的声音来评判你这个人的。

怎样练出好听的声音

为什么我们会信任那些优秀的电视节目主持人呢?原因之一就是他们准确清晰、端庄悦耳的声音,他们的声音具有使听众不会轻易转移注意力的特质。这些主持人并不一定天生就有一副好嗓子,而是经过了长时间的练习,提高了音质和音色。有个非常优秀的主持人朋友告诉我,好的主持人是要进行严格的发音训练的。

也许你说话有地方口音,也许你的音色不够圆润,也许你用嗓过度,声音嘶哑,也许你讲解产品没有新意……不妨进行系统的训练,让我们的声音真正做到"有声有色"。

这里有个简单的方法,你可以试一下。

你应该看过纤夫拉纤吧,他们在每一次用力,每一次前进一步的时候,嘴里都会不自主地发出声音,类似于"嘿——呵——嘿——呵——嘿——呵——嘿——呵——嘿——呵……"。你可以每天练习发这样简单的两个音,注意要连贯,气息要均匀,位置要沉、要低,音调尽量用你自己音域里最低的音, 在练习的时候如果你发现每次发声你的胃腹部也在跟着用劲,一下一下地振动,而且若是在一个空间里能产生比较大的回声,那么就是找对方法和位置了。每天至少这样练习20分钟,渐渐地,你会发现这样的声音会产生比较强烈的共鸣,老师称之为"顶声"。这样,就可以找到每个人都有的"黄金发声区"。这个区域每个人都有,只是很少有人找到它,利用它,发展它。我们一般人平时说话基本上都用喉音,而不需太多的共鸣,而那些如舞台上的话剧演员,他们都是经过多年的练功,发声,他们的说话习惯已经和一般人不太一样了,他们的声音往往都传得特别远,有深度,有空间感,渗透力更强。只要找到这个"黄金发声区",在这个区域里每个人的音色都会比较动人,因为这里:气沉,稳,发展空间大,不尖,不漂,杂质少,干净利落,音色淳。如果你能找到自己的"黄金发声区",我想就应该可以改变你的现状了。

1.嗓音训练的原则

①循序渐进。嗓音训练是技能训练,它不同于知识的传授。知识通过理解就掌握了,而嗓音训练则要求记住正确的位置,并且要熟练到自动化的程度。所以要由浅入深,坚持训练才会有成效。只是知道如何正确用嗓是没有用的。

②聆听反馈。由于自己所感觉到的自己发出的声音和别人听到的声音是有差别的,所以,嗓音训练不能跟着感觉走,要有录音机,要经常录下来听听自己的声音。

③语言不同于歌唱。虽然同属嗓音艺术,歌唱发声和语言发声在功能和要求方面都是不同的。声乐要求艺术的张力,要求传情达意。纵观历史,一个伟大的歌唱家很难成为一个语言大师。而对普通人来说,嗓音训练的终点还没有达到音乐学院入学的起点。而很多美声歌唱家,说起话来嗓音并不好听。

2.嗓音训练的内容

嗓音的训练有三个境界:准、健、美。

①所谓"准",是指语音的品质,也就是语音要准确。语音是说话的工具。在语音的运用上,通常要求人们口齿要清晰、伶俐。口齿清晰是指音节连读时互不粘连;口齿伶俐是指拗口的音节连读时发音器官反应敏捷,不结巴。

②所谓"健",是指健康,也就是健康用嗓。在使用嗓音的过程中,不发生病变,不出现嘶哑、红肿、发炎、失声等症状,能够健康、响亮、持久地发音。

③所谓"美",就是声音要有美感。作为日常交流的工具,人们也将声音列入审美的范畴。表达者想通过自己的嗓音给受众以怎样的感受,那么自己首先要有这样的感受,自己都觉得没有美感是无法给予他人美感的。有了美感,又如何通过自己的嗓音准确外化出来传递给受众,让受众也感到同样的"美"呢?这就需要准确"表达"的训练了。在感受的交流上,人们追求"真实、自然、生动";在"表达"上,人们追求"到位的表达"。

3.嗓音训练的方法

通常我们从口部肌肉训练、气息控制训练、共鸣控制训练、吐字归音训练等几个方面对嗓音进行训练。

①口部肌肉训练

A.口部张合练习:张嘴像打哈欠,闭嘴如啃苹果。开口的动作要柔和,两嘴角向斜上方抬起,上下唇稍放松,舌头自然放平。

B.咀嚼练习:张口咀嚼与闭口咀嚼结合进行,舌头自然放平。

C.双唇练习:双唇闭拢向前、后、左、右、上、下,以及左右转圈;双唇

打响。

D.舌头练习:舌尖顶下齿,舌面逐渐上翘;舌尖在口内左右顶口腔壁,在门牙上下转圈;舌尖伸出口外向前伸,向左右、上下伸;舌在口腔内左右立起;舌尖的弹练,弹硬腭、弹口唇;舌尖与上齿龈接触打响;舌根与软腭接触打响。

②气息控制训练

没有气息,声带不能颤动发声。但只是声带发出声音是不够的,想要嗓音富于弹性、耐久,需要源源不断地供给声带气流。

A.胸腹联合呼吸法是在工作时应该掌握的方法。这种呼吸活动范围大、伸缩性强,可以使气息均匀平衡。理想的状态是做到"吸气一大片、呼气一条线;气断情不断,声断意不断"。方式有两种:慢吸慢呼、快吸慢呼。

B.强控制练习:要求气要吸得深并保持一定量,呼气要均匀、通畅、灵活。

C.弱控制练习:吸气深呼气匀;夸大声调,延长发音,控制气息;通过夸大连续,控制气息,扩展音域。把握"深、通、匀、活"四字方针,注意气息和内容的结合。

③共鸣控制训练

A.口腔共鸣:就是要在发声的时候鼻腔要关闭,不产生鼻音泄漏。

B.鼻腔共鸣:鼻腔共鸣是通过软腭来实现的,标准的鼻辅音m,n和ng就是这样发声的。

C.胸腔共鸣:胸腔的空间及共鸣能量大,发出的声音有深度和宽度,声音更浑厚、宽广。

在练习时吸气深、呼气匀;夸大声调,延长发音,控制气息;通过夸大连续,控制气息,扩展音域。

④吐字归音训练

普通话音节分为声母、韵母、声调,也可叫做字头、字颈、字腹、字尾、字神。

吐字归音是要从张嘴、运气、吐气、发声、保持、延续到收尾的一系列控制,使字音清晰圆润,达到"大珠小珠落玉盘"的效果。

吐字归音的训练可以针对自身语音的不足找一些古诗词和绕口令进行训练。

4.嗓音的美化

①消除闷暗的音色。

闷暗的音色主要是口腔肌肉松散,牙关不开造成的,让人听了感觉没有共鸣,有声无字。

训练方法:加强21个声母的重点练习,同时与开、齐、合、撮四呼结合起来练习,全面锻炼口腔?

②消除鼻音音色

鼻音音色听上去暗淡、枯涩,像感冒声,鼻子堵塞。这是口腔开度不够,软腭无力塌下,舌中部抬起使部分气流进入鼻腔,从而失去了部分口腔共鸣造成的。

训练方法:

A.关闭鼻腔通路,用"半打哈欠"的感觉将软腭提起,放松舌根、牙关,让后声腔的开度加大。

B.用上述感觉发6个单元音的延长音,发音总趋势是下行的感觉。

③消除喉音音色

喉音音色让人听起来生硬、沉重、弹性差。造成喉音的原因主要是:气息短浅,上胸部紧张,舌根用力,后声腔开得过大。喉音重,嗓子容易疲劳。

训练方法:

A.舌头活动要沿着舌尖及舌的中部,注意放松喉咙。

B.体会"半打哈欠"的感觉,这时候是喉咙、舌根、下腭放松的感觉。

C.加强唇舌的练习。

5.嗓音保护的方法

①坚持锻炼身体,游泳和长跑是最有效的方法,使用正确的方法坚持练声,循序渐进。

②练声之前(尤其晨练)应注意活动身体,使大脑神经系统处于清醒状态。练声时,声音由小到大、从近到远,从弱到强,由高到低,避免一开始就大喊大叫损伤声带。

③培养良好的生活习惯,注意锻炼身体,保证充足睡眠。

④生病,尤其感冒的时候,尽量少用嗓,此时声带黏膜增厚,容易产生病变。

⑤养成良好的饮食习惯,切忌暴饮暴食或吃那些过热、过冷、过于刺激的食品和饮料。特别要注意,用声前抽烟、喝酒、吃辣椒、大葱、大蒜、芥末以及过于油腻的油饼、油条、大肥肉、红烧肉等会使声带黏膜干燥、充血、肥厚、粗糙、干涩、生痰、发黏、混浊、嗓子拉不开栓,不利索,不脆亮。天热时,用声之后马上吃冷饮及过于刺激的食品,图一时痛快,也会损坏声带。

⑥男士尽量不抽烟、不饮烈性酒,女士经期时停声,注意休息。

⑦坚持用淡盐水漱口,可以有效预防炎症,保护嗓子。

要想让自己的声音得到明显改善,说到底还是要取决于你所愿意付出的努力。即使你的先天条件不是很好,但只要肯结合好的练声方法,以及不懈的刻苦训练,拥有一副极具魅力的嗓音,并不是无法实现的事情。

4.2　不论你从事什么职业,都不能忽视"身价包装"

每个人都有一个价格,你的身价是多少?你的身价越高,就越能吸引到更优质的人和物。

怎样利用自身的特点,为自己创造更好的身价?这就需要包装。

我们先对身价包装做个基本的认识。

在商界,李嘉诚是领袖级的人物,他的公司里有四个副总裁专门负责树立公司和他本人的形象。什么时候穿一丝不苟的职业西装,什么时候换有硅谷风格的休闲服,什么时候表现得像个老练的商人,什么时候表现得像个很有魅力的大男孩,这一切都有专门的班子专门策划。

社会商界人士的包装方式虽然与演艺明星不同,但他们的目的都是相似的——就是顺应时代潮流,成为一个有魅力的人,受欢迎的人。

在拉美地区,有一位小时候当过擦鞋童,做过苦工,后来成为工会领导人并步入政坛的巴西人,他就是巴西联邦共和国第一位工人出身的总统卢拉。

卢拉曲折漫长的从政之路是从1980年他创建巴西劳工党之后开始的。从1988年起,卢拉开始参加竞选巴西总统。不过,由于当时他缺乏系统的思想,对如何改变巴西经济并且控制持续不断的通货膨胀没有可行的办法,因此在第二轮投票中失利。

此后,卢拉又在1994年和1998年两次参加巴西总统竞选,但都在第一轮投票中就败给了卡多佐。然而,由他领导的劳工党在议会和地方选举中大有斩获,成为最大的反对党。

尽管连续三次竞选均告失败,卢拉却并没有就此放弃。这位从二十多岁就投身到巴西政治运动中的左翼劳工党领导人,坚信经过不懈的努力,自己一定能获得成功。

早在第一次参选失利之后不久,卢拉就在劳工党内成立了公民权利研究所,聘请全国著名学者专家讲课,为党员提供学习和研究的机会。在1993~2001年间,卢拉走遍全国,实地考察和了解社会,为竞选总统和施政积累感性知识。

为了获得2002年入选的胜利,卢拉做了许多努力。作为巴西众多穷人的希望,往日的卢拉一贯以工人的形象出现,其政见也被对手批评为过于偏激,这导致他在此前的三次总统选举中得票都处于第二。此番再度上阵,卢拉决定要向英国工党学习,将自己包装成一名"巴西的布莱尔",改变以前的"激进工人领袖"形象。为此,他雇了形象顾问,把大把胡子进行了一番修整,脱掉了以前常穿的开领T恤,一身西装革履的打扮。

面对广场上人山人海的群众,卢拉说:"我在不断改变自己,因为这个

世界在不断地改变。"

针对选民求变但怕乱的心理,卢拉提出了"和平与爱心"的竞选口号以重塑形象、改变主张,从激进左派变成了既求变又求稳的务实左派。正是这一改变赢得了人心,使卢拉成为巴西联邦共和国总统。

通过演艺圈、商界和政界代表人物的包装术,我们可以得出以下结论:

不论你从事什么职业,都不能忽视包装的效果。

包装不是一蹴而就的事,也需要长期的熏陶和培养。

但是请注意,包装不可以由着个性随意发挥,你喜欢什么样的风格是一回事,根据你的出身、职业,你所面对的环境和未来角色的期待所形成的形象定位又是另一回事。并且"喜欢"一定要为"需要"让步。

亮剑VS贴金——包装的两大绝招

以下两大绝招,一来可以让你进一步认识包装,二来有助于你选择适合自己的包装。

亮剑——根据需要来强化自己的某一种特点

包装,并不是说给人罩上一件金碧辉煌的大斗篷,把他完完全全地遮盖起来,只让人们看到华丽的一面。如果是这样,谁都可以享受包装的效果了,怎么还有"某某没有包装价值"的说法呢?

包装只是把一个人的某一个特点提炼出来,通过大力鼓吹,将其引向实力强的、可依赖的、时尚的、高雅的一面。比如有一种苹果被冰雹打了,表皮上坑坑洼洼,如果你把它装到不透明的塑料袋子里卖,是欺骗;把它宣传成"名副其实的高原苹果,甘甜爽脆",这就是包装。同样的道理,周杰伦唱歌大舌头,吐字不清,要让他练成刘欢那么足的底气,恐怕累死都不成,再说了,往人多的道路上走,成就再高也有限。于是,包装周杰伦,就要突出他冷峻的作风和个性的音乐。当周杰伦的缺点变成独特的味道时,包装就成功了。

"E时代"需要周杰伦,他的出现恰到好处。

其他一切行业,也有包装的需求,只是与演艺圈三天两头推出新人的"造星运动"比,要低调一些,含蓄一些。这种包装,有一定的隐蔽性,也可以称为"培养"或者"打造"。

"贴金"——淡化自己的不得意,展现你最美的羽毛

有这样一个非常有趣的现象:当某一座城市有大型车展或者顶级楼盘面市时,必是满城的名流精英云集。越是对来宾身份要求苛刻(有售楼处的宣传品规定,客户要有几千万身价,才有资格被接待),人们越是趋之若鹜。

买不买还在其次,特意来看这顶级的名车豪宅,无非就是为了让富人圈内的远近朋友都了解,你一没破产,二没被查税,依然逍遥快活,日进斗金,有能力摆谱风光。这样大家才会依然尊你为圈子里的一员,放心和你来往。

即使在私下已经被资金问题折磨得焦头烂额,也绝不能让人看出破绽来——这样包装自己,也许有"打肿脸充胖子"之说,但是,只要不侵害他人的利益,也不失为一种好包装。要知道,人间有很多不美好的东西,能接下来并且撑下去,才是本事。若总是把辛酸痛苦之态挂在脸上,也许能换来一些廉价的同情,但可能会招来更多的鄙弃。

罗蒂克·安妮塔是英国著名的女企业家,她是美容小店连锁集团董事长、家庭主妇创办公司的成功典范。

安妮塔出生于意大利移民家庭,父亲早逝,母亲经营一间小餐馆。安妮塔毕业于面向平民子女的牛顿学院,做过小学教师、国际机构工作人员。结婚后在英国南方小镇小汉普敦协助丈夫戈登开办小旅馆、小餐馆,生意都不算成功,收入仅够维持生计。

安妮塔决定自己创业。结婚前,安妮塔曾到南太平洋旅行,对土著居民使用的以绿色植物为原料的化妆品产生了浓厚的兴趣,采集了不少天然化妆品配方。她认为这些天然化妆品一定会比市场流行的化学化妆品更受消费者欢迎。当时的困难在于4000英镑的投入,唯一的办法只有向银行贷款。

安妮塔带着两个女儿来到小汉普顿的一家银行，向银行经理诉说她的困境，说她急需开一间小店养家糊口，希望银行出于人道主义考虑，向她提供资金支持。银行经理认为银行不是慈善机构，拒绝了安妮塔的贷款要求。

但是，坚强的安妮塔没有绝望，她时刻不停地想办法。安妮塔研究了一番，一周后她穿上了特制的西服，俨然一副商界女士的打扮再次来到银行。她还准备了一大摞文件，包括可行报告和房产凭据等。文件中她把筹划的小店说成世界上最好的投资项目，把自己美化成具有丰富经验的化妆品专业商界奇才。这次她改变了策略，用商业界的游戏规则——越有钱的人越容易借贷，来与银行周旋。

那位银行经理因为一周前根本没把安妮塔放在眼里，所以没有认真注意她。安妮塔这次改头换面再来时，竟没有认出她来。安妮塔的资历通过了银行的审查，她很顺利地贷到4000英镑，这笔钱成为她非常重要的启动资金。

1976年3月27日，安妮塔的美容小店正式开张。由于此前《观察家报》报道了她开店的情况，结果该店一炮打响，顾客盈门，第一天的收入就达到130英镑。

此后安妮塔不断开设分店，走上了连锁经营的道路，她的小店变成了遍布全球的大企业。

现代社会，当我们需要外界的助力的时候，表现自己的困苦绝不如展示自己的信心更有力度。民间有句俗语"有粉擦在脸上"——让人多留意你的光辉，然后你才会有支持者和崇拜者。

如果说包装的第一种绝招就是根据需要来强化自己的某一种特点，第二种绝招就是"淡化自己的不得意，展现你最美的一面"。

4.3 包装你的个人魅力,必须重视

工作中努力拼搏的态度是绝对必要的,但是如果要成为人物,光靠努力吃苦的精神也是不够的。必须要学会去经营一个看似无形,却关乎你成功与否,能让你成为领袖、精英的特质,那就是——个人魅力。

女人篇——用心提升内涵,八面玲珑全靠魅力

有些女人是天生的社交高手。这不是因为她们拥有倾国倾城的容貌,而是因为她们无论在任何场合,都能口吐莲花,妙语连珠,博得满堂彩。

女人如何提升自己的内涵呢?具体来讲,应该从以下几个方面多下功夫:

随时更新知识积累。穿着时尚的女人总能给人美感,而如果一个女人穿着时尚,嘴里说的却是上个世纪的词语和话题,那就只能被人称为"土老帽"了。所以,女人不仅要在服装上做时尚的代言人,也要让自己的知识随时更新,紧紧跟随时代发展的脉搏。

多看新闻,关心时政。爱看报纸和新闻的似乎多是男性,然而作为女性,也不能脱离那些好像跟自己没有什么关系的政治大事。你不能成为一个"一心只知穿着打扮,两耳不闻窗外事"的女人,否则会给别人留下肤浅的印象。

加强生活积累。很多女人在和别人谈话的时候,别人都不爱听,那是因为她缺乏生活的积累,说的都是一些不着边际的话。所以,要想有好口才,多加强生活积累也很重要。知识、阅历、情感、生活等都能丰富一个女人的内心。这些"养分"是源泉,透过一根根血脉、一条条经络打造着女人的魅力,提升着女人的品位和内涵。

塑造自信性格,给自己积极暗示和鼓励。美丽的女人,不一定要有漂亮的脸蛋和迷人的身材,任何一个女人都可以因为自信而变得美丽。一个自信的女人在任何时候都会面带笑容,遇到任何事情都会处变不惊,坦然面对。即使是遭遇重大事故或艰难抉择,她们脸上永远都带着迷人的微笑。自信的女人温柔高雅,无论在任何场合都谈笑自如,举止大方。她们懂得在什么样的场合说什么样的话,也懂得什么该说,什么不该说。不论是面对阿谀奉承还是讽刺挖苦之人,她们都会以一种平常的心态去面对。

魅力女人的12项修炼

1.聪明博学

"女子无才便是德"这句话早已被人弃如敝屣。身为一个才女,你的冰雪聪明、玲珑剔透肯定会令人折服,倘若有你在场就有聊不完的丰富话题,身边的人怎么会感到琐碎无聊呢?

2.穿着得当,品位独到

你不一定是脸蛋长得最漂亮的,但人们却觉得你赏心悦目;你不需要追求潮流,却能独运匠心穿出个人品位。能传达出内心的成熟与丰富的女人,就像一杯醇厚的葡萄酒,令人微醺微醉。

3.言语风趣,收放自如

你要懂得语言的艺术,不要在与别人的观点不一致时将自己的意见强加于人。你会轻松地化解对方无聊的玩笑,既不用板起面孔制造尴尬,也不用忍气吞声照单全收,你要以委婉的方式暗示对方"这个话题不受欢迎"。

4.追求爱情却不痴迷

要知道,爱情不是女人生命的全部,太多的期盼只会在将来化作冲天怨气。你要勇于追求自己的爱情,不怕被拒绝的风险,因为好男人实在不多。但你不能成为被爱情困住的鸟儿,因为亲情与友情也是生活中很重要的一部分,拥有独立爱情的女人才是最有魅力的。

5.清新自然,拒绝陈旧

你应该善于发现生活中的美,并且充分运用。常常亲近自然,美好的风景和清新的空气能抚慰你的情绪,你在不经意间流露的童心童趣,会令人觉得你非常好相处。

6.善待自己

在任何时候你都不应该伤害自己,情场失意、事业受阻都只是人生中一个短暂的过程,你更不能因此而堕落或放纵。要记得爱惜自己,良好的生活作息和保持运动的好习惯会让你容光焕发。

7.有道德标准,能坚守策略

你应该乐于接受别人的意见,对无伤大雅的偶尔"越轨"也能一笑置之。但你千万不能沦为人云亦云、毫无主见的人。对自己的感情观,你不可意乱情迷到丧失道德的程度,"己所不欲,勿施于人",最好别插足别人之间的绯闻,对那些违背道德的事,"只可远观而不可亵玩焉"。

8.敏感而不多疑,能很好地控制情绪

有魅力的女人能从细微之处敏锐地做出反应,不过却不疑神疑鬼。必要时深吸一口气,告诉自己不要惊慌失措或乱发脾气,这样对方反而会因你的体贴而心生感激。你不会将私人的事及坏情绪带到公司,也不会将公司里的不快扩展至家中。

9.小小的叛逆

这里的叛逆不是要你做个惊世骇俗、玩世不恭的女人,而是当你拥有丰富的知识和敏锐的洞察力时,也要表现出你与众不同的想法与观点。即使是面对你的顶头上司,你也能礼貌而坚定地陈述自己的不同意见。有勇气挑战权威可表现出你的创新精神与鲜明个性,在无棱无角的芸芸众生中很容易脱颖而出。

10.干工作爽快利落,驾轻就熟

在现代高效率的工作环境中,虽然你外表纤弱,但如果做起事来干净利落,即使再繁重的任务也难不倒你,你的上司必会对你工作的热情留下

深刻的印象,下次升迁说不定第一个想到的就是你。

11.大方得体,具极佳亲和力

你应该穿着得体,不要喷一身浓烈的香水让所有人打喷嚏;要有礼貌,不会无故打断别人的谈话;即使你已经是公司里的红人,也不应该为此自傲,盛气凌人。

12.最后,记得保留一点神秘感

神秘感,永远是女人最迷人的魅力。你要拿捏得宜,不要在工作场合谈论太多私人话题,特别是你的感情故事。公司里需要了解的只是你的专业能力,没必要让自己的私事成为别人饭后的话题。何况在以讹传讹的公共场合,谁知道你说出的话已经被"添油加醋"了几分呢?

商务女郎的外在包装

如今"社交"两个字早已不再是上流社会的专利。人在职场,必有各色事务须得应酬。而每到岁末"社交季",商务女郎们往往会对着各色酒会、晚宴的请柬发呆——穿着不得体固然不好,但万一穿得过于郑重其事,更是会因不懂拿捏分寸而分外尴尬。

我们说的酒会,常常是西方的CocktailParty,而着装也相应的是鸡尾酒会服。只不过西方人的鸡尾酒会一般会在晚餐前17:00~21:00举行,只供应小食而非正餐。

我们的商务酒会的时间则未必有那么严格,也有可能会附带圆桌晚餐。同样,严格意义上的鸡尾酒会服应该是精致的小礼裙,用毛皮、镶珠和长手套等来装饰,但现在的要求要宽松许多,比如也可以穿裤子、皮制品,但是基本的原则还是没有变,那就是:介于工作服装和晚宴服装之间,充满了女性感和浪漫、精致的风格。

无论如何,像这种场合,大家都是下了班直接过来,即使坐下来吃饭也不会像专门的正式晚宴那般要求你隆重着装。而且因为客户、关联公司、行业交流的关系,酒会的主题往往是"社交",即谈话、交换名片,你只需要穿上优雅得体的衣服,画上正式的妆容即可。

最忌讳的就是那些分不清场合者,穿得性感又招摇地与人家大谈商务话题,平白让人怀疑你在工作上的专业性,何苦呢?

我们提供的几种着装思路,大多由工作装演化过来,让你在酒会当天可以套件西装就去上班,但脱下西装拎个手袋,就能摇身一变,潇洒去酒会也。

最经典单品:华丽感吊带上衣+外套

一件设计与质地都属上乘的宽松吊带上衣是商务女郎最值得投资的单品,搭配上班穿的宽腿裤,足以应付一切不太正式的社交场合。加上质感华丽的外套,使全套打扮既保暖又优雅。这种外套还可以穿在普通的小黑裙或连身A字裙外,成为商务酒会、客户答谢酒会、关联公司周年庆酒会等一切酒会场合的最佳选择。

最经典酒会单品:包身裙

自20世纪70年代包身裙诞生之日起,这种无扣无拉链、仅凭两条腰带、易穿易脱的裙子就时常会受到争议。一些人认为它根本不算什么设计,但另一些人却将它与香奈儿女士的小黑裙一起列为"20世纪10大时装发明"。但商务女性肯定是最青睐这种裙子的群体——七分袖,强调腰线,大幅裙摆塑造臀形,最大限度地"讨好"了女性的身材,无论你是"瘦骨仙"或"丰满妹",穿来都自有风味。V字领口可随腰带系打的松紧调节大小,即使包到最紧,那个V字领口仍足够应付下班后商务酒会对着装的优雅要求,而白天工作时在外面穿上西装,就是再正常不过的工作装。

时值寒冬,相较裸露的晚装裙,亮色高领针织衫要温暖舒适得多,与近两季大热的金属色半身裙相搭,便能使你轻松地从全场的冷色调晚装中脱颖而出。请记住,在选择暖色调着装时,衣料的质感是必须首要考虑的,因为暖色调会将你身体的任何细节与瑕疵放大。

最不会出错着装:小黑裙+抢眼配饰

小黑裙虽然经典,却也极易使你埋没在黑压压的人群中。想要艳压群芳,就要在配饰上作文章。色彩丰富的长项链与晚装手袋相呼应,让你轻快而不失品位。漆皮与麂皮相拼的高跟鞋,可以丰富你周身大面积黑色的层

次与质感。

最偷懒着装：百搭优质丝巾

最偷懒的办法，是在包里塞条质地优良的亮色大幅丝巾或披肩。把它们披在日常通勤的灰色系西装外套与半身裙外，虽不够花心思，至少也能应付那些不得不去的商务场合。不过要注意，不要使你显得老气，而且确保你的女老板也不会这么偷懒。

最低调优雅着装：白衬衫+半身裙

"黑白配"保险而不过时，衬衫与半身裙的组合，不仅修饰身材，更平添一丝知性与优雅。将白色衬衣下摆塞进盖过肚脐的高腰黑色半身裙中，裙摆盖没膝盖，是最佳搭配比例。主体干净简洁，就要选择细节出彩的配饰，一双配色内敛却令人印象深刻的高跟鞋必不可少。

男人篇——用脑抓住时机，成为引人注目的焦点

时机历来都被成功者视为事关成败的关键要素。对男人而言，在追求成功的道路上，最重要的是抓住展现自己才华的最佳时机。因为只有这一刻，你才能使大家认识到你的与众不同。人生的事业就如同舞台上的戏剧，戏剧的动作与台词，在演出时必须把握得恰到好处才行。事业上也是如此，每个男人都可以参与表演，就看你是否能抓住表现自己的时机了。

曾经有一个衣衫褴褛的少年，他到摩天大楼的工地向衣着讲究的承包商请教："我应该怎么做，才能在长大后跟你一样有钱？"

承包商看了少年一眼，对他说："我给你讲一个故事。有三个工人在同一个工地工作，三个人都一样努力，只不过其中一个人始终没有穿工地发的蓝制服。最后，第一个工人成了现在的工头，第二个工人已经退休，而第三个没穿工地制服的工人则成了建筑公司的老板。年轻人，你明白这个故事的意义吗？"

少年满脸困惑，听得一头雾水。于是承包商继续指着前面那些正在脚

手架上工作的工人对男孩说:"看到那些人了吗?他们全都是我的工人。但是,那么多的人,我根本没办法记住他们每一个人的名字,甚至连有些人的长相都没印象。但是,你看他们中间那个穿着红色衬衫的人,他不但比别人更卖力,而且每天最早上班,最晚下班,加上他那件红衬衫,使他在这群工人中显得特别突出。我现在就要过去找他,升他当监工。年轻人,我就是这样成功的。我除了卖力工作,表现得比其他人更好之外,我还懂得如何让别人看到我在努力。"

不要以为只有你一个人在拼命工作,其实每个人都很努力。因此,男人如果想要在一群努力的人中脱颖而出,除了比别人做得更好之外,还得靠其他的技巧和方法。

《三国演义》里有这样一个故事:庞统刚投奔刘备的时候,刘备见他相貌丑陋,以为他没有什么才能,便让他到莱阳县做县令。

庞统到了莱阳,终日饮酒,不理政事。刘备知道这个消息之后,便派张飞到莱阳巡察。张飞到了莱阳,发现县里的公务积压,不禁大怒,对庞统说:"我哥哥看你是个人才,让你做个县令,可是你为什么把县里的事务弄得乱七八糟?"

庞统当时还在半醉半醒间,听了张飞的话,他微笑着说:"区区一个小县,哪有那么多需要我天天处理的事情?"

庞统说完,命令手下把积压的简牍文书全部送上大堂,开始处理公务。只见庞统耳听口判,曲直分明,那些积压了一百多天的公务文书,不一会儿就被他处理完毕……

庞统把笔扔在地上,斜着眼睛问张飞:"我究竟荒废了你哥哥的什么大事?"

张飞虽然是一个粗人,但是他的优点却是粗中有细,见到这种情况,他大吃一惊,马上起身回到荆州向刘备禀报……

庞统就是靠"不理政事"这一假象引起刘备的注意,从而抓住有利时机,提高了自己的知名度,后来做了副军师中郎将。

我们知道,要想获得提拔,最有说服力的就是自己的工作业绩。在当今社会,工作表现好,办事能力强,能出色完成任务的人数不胜数,但这并不表示他们就可以获得提拔。所以,争取曝光的机会,成为人们关注的焦点,是获得重用的最佳策略。

亚特兰大的管理专家哈维·柯尔曼工作了11年,有一半的时间是从事管理方面的工作,他还曾担任过美国电报电话公司、可口可乐公司的智囊以及其他公司的企业发展顾问。根据在多家大公司的所见所闻,柯尔曼把影响人们事业成功的因素作了如此划分:在获得提拔机会的比率中,一个人的工作表现只占10%,给人的印象占30%,而在公司内抓住有利时机曝光则占了60%。

基于这个数据,他对提拔之道提出了自己的见解。柯尔曼认为,在当今这个时代,工作表现好的人太多。工作做得好,你也许可以获得加薪,但并不意味着你就能够获得提拔。提拔的关键在于有多少人知道下属的存在和下属工作的内容,以及这些了解下属的人在公司中的影响力有多大。

无独有偶,辛辛那提的管理顾问克利尔·杰美森也给出了与柯尔曼相似的意见:"许多人以为只要自己努力工作,顶头上司就一定会拉自己一把,给自己出头的机会。这些人自以为真才实学就是一切,所以对提高个人知名度很不关心。但如果他们真想有所作为,我建议他们还是应该学习如何吸引众人的目光。"

因此,如果男人想要获得成功,最好的办法就是让自己成为引人注目的焦点。

知性的内涵和修养会给你带来一种特殊的气质,也正是这种特殊的气质形成了一个男人的人格魅力。一个有品位、有层次的男人,才能让别人,尤其让女人欣赏。

男人不可忽视的10种人格魅力

1.乐观

乐观是男人最根本的处世态度。乐观的男人始终会处于积极、向上的生存亢奋状态,也就是我们俗称的潇洒。他们能够坚持从建设性的视角出发对待周围的人和事,认同通过自己的努力,哪怕再微薄的力量,也会使这个世界有所改变。因此,乐观的男人总是充满着精神上的人格魅力。

2.大度

大度是男人最基本的待人接物法则,代表男人在气质上的人格魅力。大度意味着男人要有宽大的胸怀和容人的气量,不图虚荣,善于容忍,肯于奉献和牺牲,因此大度是体现男人雄性之美的重要因素。大度男人往往具有良好的气质和风韵,所谓"宰相肚里能撑船",这一点是狭隘男人永远不可比拟的。

3.深沉

即稳重、持重,是男人最具有神秘色彩的一种性格魅力。这种性格与张扬恣肆、专横跋扈相悖,与骄奢淫逸背道而驰,是具有健康心理的男人长期修炼的结果。因此,深沉是男人在性格修养上的人格魅力所在。

4.坦诚

这是男人最应该遵守的一条人际交往原则。不坦诚不仅会造成沟通的障碍,更会导致男人人际关系的混沌。一个人是否坦诚属于人性问题。心理扭曲的人一般表现为不坦诚,以尔虞我诈、坑蒙拐骗为能事。因此,坦诚的人才具有丰富的人性,男人因为坦诚而在人性上拥有无与伦比的人格魅力。

5.果敢

果敢作为男人重要的人性品质,在胆识上彰显着男人的人格魅力,主要体现在其决策能力和勇气两个方面。临危不惧、见义勇为是一种果敢,运用智慧及时开拓新局面和勇于承担责任也是一种果敢。果敢不等于鲁莽,果敢是高智力下的敢做敢为,也就是胆识。果敢的反面是优柔寡断。

6.自信

自信是男人的生存之本,是男人获得成功的力量源泉。自信让男人具有健康的心理,从而表现出人格魅力。男人的自信程度依赖于其对自身的自我意识,即自知、自觉、自省等。良好的自我意识,可以避免男人因盲目自信而形成的自大与张狂形象，从而帮助男人建立起自强不息的健康人格（即自信），推动男人不断奋斗和努力。自信让男人突现出男人的蓬勃朝气和阳刚之美，反之，没有自信的男人非自卑，即自弃，要么就是混世者，因为他们缺乏健康的心理，自无人格魅力可言。

7.幽默

幽默作为男人的人格魅力之一，在于其对人际氛围的调节能力和人际关系的控制能力上。适当的幽默不但能起到和谐氛围、转移人的注意力的作用，还可以展示出男人的气质、学识、机智等那些在男人人格形成过程中所需要的内在素质。因而，幽默既是男人在个人素质上的一种人格魅力，也是表现这种人格魅力的一种巧妙手段。

8.思辨

思辨离不开缜密的思维和高度的智慧，思辨的语言（即口才）不但能体现出男人渊博的学识基础，也能体现出其在哲学、美学、逻辑学、心理学上的修养和思维能力，还能体现出其超越常人的洞察力和说服力，这正是善于思辨的男人所具有的独特的在思想上的人格魅力。

9.坚毅

坚毅即坚强而有毅力。坚毅的男人做事不会一曝十寒，也不会半途而废，他们属于有目标，有抱负，勤勤恳恳，从不轻易言败，又能做到胜不骄败不馁的一群优秀男人。这样的人无疑在人品上具有坚强的人格魅力。

10.节制

即克己、自律和自敛。在当今良莠并存的社会里，除了本身的缺点外，男人还会染上很多外来的陋习。不懂得节制的男人就如一匹脱缰的野马，对家庭和社会都会造成很大伤害。因此，节制作为男人的一种美德和一门必修课程，对男人的修身养性和形成高尚情操具有不可或缺的作用。因此，懂得节制的男人是最能战胜自我的人，他们大都能在个人行为的控制方面显示出极具个性化的或君子似的人格魅力。

4.4　把自己的需求包装成对方的需求

事实上,同样的东西,只要用不同的话术或技巧来包装,就能轻松说服那些善于拒绝的客人。例如,换个方式或名词来解释你的产品。

"抓准人性弱点"不仅是公关上的一门大课程,也是解决你的困境的良方。通过学习你会发现,适度用专业的词汇来包装产品,是可以让产品不做任何改变也能增值的最简单的方法。

例如,一个对电脑设备一窍不通的人,在向你购买电脑产品时,只知拼命杀价、硬拗赠品,这时你可以把你销售的产品的品质说得越细越好,并拿出同类产品进行比较,放大其中的差异,一方面展现出你的专业,同时还能让对方对你所推销的产品有"知识充实感"。

这种说话方式,重点不在于说话的内容,而是你所运用的说话的技巧。说话的过程中,"表达方式"的影响力,是我们所"表达内容"的4.3倍。

很多时候,纵使你有更好、更丰富的交谈内容,也可能被你拙劣的说话技巧给抹杀掉。

所以,如果你能随着对象和环境的变化来选择"适当"的词语,让对方觉得少了这东西完全不行,这样,不但能大幅增加你的说服力,更能为你免去许多不必要的麻烦和纷争。

我们平常所看的广告,几乎也都使用过类似的技巧。同样的商品盐,为什么高呼能提味增鲜的,其销量就比能洗菜消毒的好?为什么买车子时,你对喷射引擎、碟刹一问三不知,但下意识就会觉得它值得?这正是借由说话技巧,对消费者进行心理暗示的效果。如果你能把说话的重点摆对地方,订单就是你的了。

美国说话大师戴尔·卡耐基也曾有过一次差点被当冤大头的经历。

话说卡耐基每季都会在纽约的某家大饭店租用大礼堂共20个晚上,目的是讲授社交训练课程。但是有一季的课程才刚开始,饭店突然通知他租金要加成,而且涨幅竟高达原来的两倍。

原来,旅馆了解了卡耐基为开课所做的相关准备,例如其入场券和宣传都已备妥,如果临时更改地点,卡耐基将会遭受极大损失,这才有恃无恐地"狮子大开口"。

面对这个不合理的要求,卡耐基并没有陷入愤怒或是慌乱中,而是在两天后去找饭店经理。

他看到经理后说:"我接到你们的通知时,真的被吓到了。不过这不是你的错。你是这家饭店的经理,当然想让饭店多赚点钱。不过,假如你坚持增加租金,那么让我们理性地分析一下,这样做对你到底有什么好处和坏处?"

"你增加我的租金之后,我就一定得找别的地方举办训练。你就可以把大礼堂出租给那些办舞会等短期活动的单位,那么你们的利润一定比租给我开办课程多,租给我显然是你吃亏。

"但是,我的训练班总是吸引成千的中上层管理人员到你的饭店来听课,这可是相当惊人的广告效益。就算你花5000美元在报纸上登广告,也不可能请到这么多人到你的饭店来。这难道不划算吗?"说完,卡耐基就告辞了。最后,当然是饭店经理让步了。

除了用专业词汇来说服别人之外,面对顾客的蛮横要求,如果没有一套完整的应变手法,往往会使你落入难以全身而退的困境,就算顺利脱身,也很难达到"双赢"。

这时你不妨运用点技巧,让事情看起来是对对方有利的,也就是表面助敌,实际上却可以让自己获得最后的胜利。如故事中所述,为了达到自己的目的,卡耐基聪明地把对方的利益放在明处,最后不但让对方让步,还能进一步得到对方的感激。

怎样让客户跟着你的思路走?

很多时候,暗示也是一种有效的推销手段。只要在交易一开始时就利用这种方式,提供一些暗示,顾客的心理就会变得更加积极。一旦进入交易中期阶段时,顾客虽会考虑你所提供的暗示,但却不会太过认真。但当你试探顾客的购买意愿时,他可能会再度想起那个暗示,而且还会认为是自己所发现的呢。

顾客不断地讨价还价,也许会使得你们交易的时间延长,而办理"成交",还需要一些琐碎的手续。这些疲惫使得顾客在不知不觉中将这种暗示当做自己所独创的想法,而忽略了这是他人所提供的巧妙暗示。因此,顾客一定会很热心地与你进行商谈,直到成交为止。

越能操纵本方法,越能发挥其力量,其成效也最大。如果能在适当的场合、适当的时机加以运用,可使最顽固的顾客也听从你的指示,会使你们之间的交易出乎意料地顺利,因为那些顽固的顾客都是在不知不觉间点头答应成交的。

有些顾客,自以为无所不知、无所不能,认为不必与推销员打交道就可以买到最好的商品。遇到这种顾客,最好的应付方法便是运用暗示法,让他"乖乖"地与你合作。

和这种类型的顾客交谈时,你可以表现出一种毫不关心的客气态度,对所出售的商品表现出毫不在乎的样子。

比方说以冷淡的态度让顾客觉得你似乎并不那么急于卖出此商品。而当你表现出这种态度时,一定会引起顾客的好奇心和兴趣。

道理很简单,如果推销员被认为不认真推销,或是没有推销能力,或是在行动上显示出是否卖出商品并无关紧要时,顾客一定很想证明推销员的失职情况。亦即是想表示自己是个重要人物,应该多受他人注意,于是就会购买推销员的商品了。

应付这种顾客,你可以这样讲:"先生,我们的商品并不是随便向什么

人都推销的,您知道吗?"

此时,不论你向顾客说什么,顾客都会开始对你发生兴趣的。

"敝公司是一家高度专业化的不动产公司,专门为特殊的顾客服务。本公司对每一位顾客及所涉及的服务项目都是经过精细的选择的,这点相信您也有所闻吧?首先,请你谅解,顾客必须要有适当的条件,当然能符合这个条件的人并不多。但是,偶尔总有例外情形。您了解我所说的话吗?"

然后,再稍微向顾客谈谈生意上的事。"如果你想知道我们的服务项目,我可以找些资料来给你看。在讨论资料之前,您要不要先申请简易的分期付款手续呢?这非但可以节省您的时间,同时可以方便我们的合作。"

顾客同意了,开始表示出想购买的态度来。而你呢?还是装出毫不关心的样子。一旦时机成熟,要稳健而热诚地为顾客服务,改用经常使用的方法来应付就可以了。

这种方法可以使用于讨价还价阶段。在这个时候,你必须先撒播些"暗示的种子",就可使商谈顺利进行了。

这种"暗示的种子"可使顾客本身更为积极,是使顾客早些达成交易的一种催化剂。虽然这是你所利用的手段,但一直到达成交易时,顾客仍错认为是他自己所设计的呢。

刚开始谈生意时,就要向顾客做有意的商品暗示或肯定暗示:

"先生,如果您家里装饰时用上我们公司的产品,那你的房子必然成为这附近最漂亮的房子!"

"在这个经济不景气的时期,购买本公司的商品一定可以让您赚钱。"

当你做出"暗示"之后,要给顾客一些充分的考虑时间,让这些暗示逐渐渗透到顾客的思想里,进入到顾客的潜意识中。

当你认为已到了探询顾客购买意愿的最佳时机时,你可以说:

"先生,您曾经参观过这一带的住宅吧,府上的确是其中最高级的。怎么样,买我们的商品,让您的生活空间更增添情趣吧!每个为人父母者,都想要自己的子女接受良好的教育,您是否曾经想过如何避免沉重的经济负担呢?建议您向本公司投资如何?"

"您有权利用自己的资金购买最好的商品。现在请您把握机会,购买我们的商品吧!"

有时候,对推销员销售的产品,其整售的效果要比零售的效果更好。也就是说,商品如果是成套的,或是必须同时几个一起购买时,你必须事先让顾客知道。

比如你推销的是不动产,你要让顾客知道,要想获得这块土地的使用权,你必须连同其他一起购买,不能只买其中之一。

当进入订购的阶段时,你可以说:"这块地总价×××元,你认为如何?"

如果顾客因为资金不足而有所顾虑时,你不妨先暂时离开一会儿,在回到座位时说:"刚刚我和上司商量过,您似乎很喜欢这块土地,本公司的意思是,只要您能保密,我们愿意分售这块土地给您。对您来说,应该较合适吧。您看怎么样?"

采用这种方法,大都可以顺利成交。甚至有些顾客还会这么认为:"难道我只买得起一块土地吗?"

暗示最大的妙处就在于让顾客觉得自己有购买的义务。比如在拜访客户的时候,最好是在第二次拜访的时候,你可以让自己表现得舟车劳顿的样子,或者在衣服的显眼处沾点油漆等,这样一来,当你和客户见面的时候,对方必定会向你询问缘由,这时你可以这样说:"没关系,刚才因为怕错过与您见面的机会,不小心弄上的……"

这虽然只是一个小小的技巧,但却能让顾客对你留下深刻的印象。这种方法非常简单,且有惊人的效果。

在顾客心中,他会认为你是因为他而变得如此狼狈,对你的遭遇,他深表同情和感动。当你们之间已存在如此微妙的关系时,便已接近成交阶段了。当然,你不能表现得过于露骨,让顾客一看便知你是故意的和伪装的。

总之,在推销时,你要想尽一切办法为你的成功推销铺设任何可行的道路,因为你的唯一目的就是让客户顺利签单。

4.5 "借名"生利，省时又省力

唐骏就任上海盛大网络公司总裁后，在各种场合都念念不忘的始终是他在微软工作的那10年，以及比尔·盖茨的嘉奖，和他在日本和美国的留学、创业经历，名片上也赫然打着"微软终身荣誉总裁"的名号；

张宝全最愿意说的是他是从北京电影学院导演系毕业（正宗科班出身）的，是著名导演谢飞的学生；

张朝阳声称自己是互联网启蒙大师、《数字化生存》的作者尼葛洛庞帝的门生……

形象设计师英格丽·张说："成长于宽松、经济有保障的家庭的孩子，会对生活中的一切都容易满足。他们易于按社会的标准行事，会表现得自信，有安全感，他们善良、大方、宽容、开通、缺乏野心，因而易于与人合作。他们看待世界和人生的眼光，与贫困中长大的孩子不同。"

这是一种什么心态呢？不管我们说它是趋炎附势也好，崇尚高贵也罢，事实上，出身名门就是会得到他人更多的尊敬，或者得到更多的优待。古今中外，对个人背景（包括家世背景、血缘关系、籍贯、出生地、求学经历、师承、工作资历等）的重视，都是人际交往过程中一个奇特的现象。对那些有着显赫家世背景和工作资历的人，人们总是给予更多的重视，他们也会得到更多的机会。

在商场上，名人效应法是用于直接促销的常见方法。有时，巧妙地利用关联的著名人物和组织的影响，可以为企业打造出一条成功捷径。

在中美洲有一个小国，小国里有一位书商，他手里的书老是卖不出去。于是就有人给他出主意，让他找人来"忽悠"。但是"忽悠"也是要讲究方法的，一定要请名人来。在那个地方，总统就是最佳人选。给他出主意的人说，只要把书寄给总统，无论总统说什么，这书都会很好卖。书商一听十分高兴。

于是,这位书商就把书寄给了总统,同时还寄去了一封信,信里写到:"我手里的书实在是太难卖了,您一定得帮我说点儿好话。"总统看完书后觉得还不错,同时觉得书商写的信也有道理,于是就在这本书上留下了"这本书不错"几个字,并且把书又给书商寄了回去。

书商拿到总统寄回来的信后如获至宝,还把那本留有总统字迹的书挂在了店里最明显的地方,并且对每一位来书店的客人介绍这本总统给出好评的书,果然,这本书就成了畅销书。

有了这一次的经验以后,不久书商又把第二本书寄给了总统。总统已经听说上次寄书后书商借他的光使该书大卖,于是这次就在寄来的书上写上"这本书实在不怎么样"的字样,又给书商寄了回去。

但是书商拿到书后又如获至宝,并且对来书店的每一位客人介绍说——"这是一本把总统气得发抖的书",大家出于好奇,都纷纷掏钱买这本书,致使这本书也十分畅销,而且这本书比第一本书还要畅销。

这个消息又传到了总统的耳朵里,他没过多久又收到了书商寄来的第三本书,但是这次总统没有对书进行任何的评价,把书又原封不动地给书商寄了回去。这次书商找的借口是"总统没有看明白,一本连总统都看不懂的书"——使第三本书又一次大卖,而且比前两本的销路还要好。

帆船出海,风筝上天,无不是"好风凭借力,送我上青云"。人的成功,需要借力。想要"生利",也可以"借名"。只要你懂得如何"借",你就可以轻而易举地取得成功,借助"名",足以让你收获大利。

"借名"生利,坐享其成,何乐而不为

俗话说得好:借力发力不费力。懂得借力发力的人,就能够以小博大,以弱胜强,以柔克刚,就能够"四两拨千斤"。

三国时,有一天,周瑜对诸葛亮说:你3天之内,给我打造10万支箭来。诸葛亮满口答应。3天要打造10万支箭,这是根本不可能的事情。但诸葛亮

为什么又答应了呢?诸葛亮自有办法。当时的情况是,要打造10万支箭,就是有钱、有材料,时间上也来不及。怎么办?打造不出可以借嘛!向谁借?那当然只有曹操了。曹操会借吗?他会借箭给诸葛亮来杀自己吗?办法总比困难多,没有做不到,只有想不到。诸葛亮想到了。那么他又是怎么向曹操借的箭呢?

在一个大雾蒙蒙的早上,诸葛亮派出几千艘木船,千帆齐发,船上都扎满了稻草。当船驶到河中央的时候,诸葛亮命人敲锣打鼓,顿时鞭炮齐鸣,杀声震天,伪装成攻打曹营的样子。曹操站在城墙上一看,江面上朦朦胧胧的有很多船只向他驶来。曹操以为周瑜真的要攻城了,于是,就命令所有的弓箭手万箭齐发,结果那些箭一支支全射到了船上的稻草上。不到一个时辰,诸葛亮就满载而归,收到曹操送来的10多万支箭。这就是历史上著名的"草船借箭"的故事。

再讲一个国外的故事。

英国大英图书馆是世界上著名的图书馆,里面的藏书非常丰富。有一次,图书馆要搬家,也就是说从旧馆要搬到新馆去,结果一算,搬运费要几百万元,根本就没有这么多钱。怎么办?有一个高人向馆长出了一个点子,结果只花了几千块钱就解决了搬运问题。

图书馆在报上登了一个广告:从即日开始,每个市民可以免费从大英图书馆借10本书。结果,许多市民蜂拥而至,没几天,就把图书馆的书借光了。书借出去了,怎么还呢?大家给我还到新馆来。就这样,图书馆借用大家的力量搬了一次家。

从这两个案例里面,我们已经可以领略到"借"的魅力。因此,一个"借"字,天地广阔,大有文章可作。

在当今的创富观念中,"借助人气,点旺财气"可以说是众多人的首选。如今,无论我们是出行上班还是购物,随处都能看到各种各样明星代言的广告,可以说广告已经成为提高商品知名度的一种首选方式。很多商家借助名人的声望地位而使自己引起了消费者的特别关注,从而赢得市场,坐享其成。

对默默无闻的我们来说，在做事的过程中，如果我们也能够借助点"名人效应"，那么效果一定会大不一样。比如，很多人在买一件商品的时候，常常会忍不住说："就是刘德华做广告的那个！"也就是说，当你和名人沾上点关系的时候，你的身价自然也就不一样了。

因为名人是人们心目中的偶像，人们总是有这样的心理，凡是名人生活的地方都是非凡的地方，凡是与名人有联系的商品必定是不一般的。基于这种心理，人们纷纷追逐、效仿名人，所以与名人沾边的东西也就容易成为抢手的东西。所以，只要你策划得法，能够巧借名目，即便是美国总统，也照样可以为你的市场竞争活动增添爆炸新闻。

百事可乐正处在初创时期时，由于可口可乐的先入为主，在美国本土市场上，百事可乐已经没有多少商业空间了。因此，百事可乐的董事长肯特想进军前苏联。

正值1959年，美国展览会在莫斯科召开。肯特通过他的至交好友尼克松总统的关系，请"苏联领导人喝了杯百事可乐"。尼克松显然同赫鲁晓夫通过气，于是在记者面前，赫鲁晓夫手举百事可乐，露出一脸心满意足的表情。而凭借着这个最特殊的广告，百事可乐迅速在前苏联站稳了脚跟。

当然，并不是所有人都有幸认识名人，或者获得与其接触的机会的。如果是这样，只要你能想办法从名人身上弄到你想要的信息，加以合理利用，也能达到宣传自己的效果。

美国一家公司所生产的天然花粉食品"保灵蜜"销路不畅，总经理为此绞尽脑汁。如何才能激起消费者对"保灵蜜"的需求热情呢？如何使消费者相信"保灵蜜"对身体大有益处呢？广告宣传未必奏效，因为类似的广告大家早就见怪不怪了。

正当总经理一筹莫展的时候，该公司的一位善于结交社会名人的公关小姐带来了一条喜讯：美国总统里根长期吃花粉类食品。据里根的女儿说："20多年来，我们家冰箱里的花粉食品从未间断过。父亲喜欢在每天下午4时吃一次天然花粉食品，长期如此。"后来，该公司公关部的另一位工作人员又从里根总统的助理那里得到信息,里根总统在健身健体方面有自己的秘诀,那就是:吃花粉,多运动,睡眠足。

这家公司在得到上述信息并征得里根总统同意后,马上发动了一个全方位的宣传攻势,让全美国都知道了,美国历史上年纪最大的总统之所以体格健壮,精力充沛,是因为他常服天然花粉的结果。于是,"保灵蜜"风行美国市场。

如今,借助名人提高自己的社会知名度,已经被全社会所认可。台湾的巨富陈永泰曾说过这样一句话:"聪明人都是通过别人的力量,去达成自己的目标。"社会上有一个普遍的现象,那就是如果你和名人站在一起,你不久也会成为名人。作为"东亚四小龙"之一的中国香港,它凭借的就是一个"借"字,成就了其"璀璨明珠"的繁荣现状。香港地区借助自己的地理优势,凭借与外国的大公司合营,借别人的知名品牌,借用外国原材料,借用外国公司的销售渠道和销售市场及加工制造,从事出口贸易。凭借"借风腾云"的思维,使香港迅速走向了繁荣。

所以说,一个人要想成就一番事业,除了努力苦干加巧干外,还可以想办法与名人沾上一点关系,借名人的名望来壮大自己的声势,借别人的"名"而生自己的"利",从而坐享其成。

怎么借,找到支点是关键

有人可能会说,"借"的确是一个"四两拨千斤"的好方法,但自己究竟能"借"什么,又怎样"借"才能有效果呢?这又是现实中必然会遇到的难题。"给我一个支点,我可以撬动地球",这是阿基米德的一句名言。而"借"的关键就是要能够找到这个地球的支点所在。

这个"支点"就是"借"的契合点,它是你急需的,却又是对方所独具的。所以"借"绝对不是简单的依赖和等待,而是一场有准备的战斗,要用巧妙的智慧换取财富。从这一点来说,你首先要对自己有充分的了解,明白自己的强项是什么,怎样的"外援"才会对自己有帮助。接下来,在对市场充分了解的基础上,你就可以锁定自己的"靠山",然后通过有效的"嫁接",真正达到"借"的目的。所以"借"是主动的,它是你根据实际需要做出的选择。

有这样几条思路或许可以成为"借"的借力目标:

第一是借"智力",或者说是"思路"、"经验"等。比如有些投资大师有不少好的经验,那些都是他们经过多年的成功与失败得到的"制胜法宝",它们显然可以让我们的投资少走许多弯路;

第二是借"人力",这就是所谓的人气。一个品牌、一处经营场所,甚至是一位名人,他们的周边可能聚集了不少类别分明的人群,如果能把自己生意的目标消费群与之结合起来,其结果可能就是投入不大,利润大;

第三是借"潜力"。良好的社会经济发展前景的诱惑无疑是巨大的,它也会给我们的投资带来有效的增值空间,像城市的建设规划以及中小城市的发展计划等,都是值得我们关注的焦点;

第四是借"财力"。有些投资者或企业可能会遇到资金捉襟见肘的情况,那么充分利用银行或投资基金的财务杠杆,无疑会帮你解决许多"燃眉之急";

第五是借"权力"。乍一听这个词似乎挺吓人的,但其实这里的"权力"所指的就是政策。"借"上好的政策同样也会使你赢得发展的契机,靠政策致富的案例早已屡见不鲜了。

盲目跟风要不得

在这里需要说明的是,"借"与盲目跟风可是有着本质的区别的。"借"是一种高技术含量的工作,通过了解、准备、研究、比较和选择等多个步骤才能获得成功,而如果随意地跟风模仿,反而会给你带来不小的风险。有些投资者不考虑周围环境和自身的实际情况,不看实际效果是否有效,不看时机是否成熟,不看条件是否具备,生搬硬套,盲目地跟着别人走,这显然是与"借"的本意相违背的。

对此，我们可以把握住以下几点：

首先，自身适合是关键。随着奥运会的临近，许多企业都想搭上奥运的顺风车，想"借"上奥运来作为营销手段，但却并不是所有的产品都能通过此"借"产生好的效果的。如果不能将对奥运的热情转移给产品，那么带来的结果就会让"奥运营销"成为"空中楼阁"；

其次，一个好的"借"的对象也是要区别对待的。比如同样是城市建设规划，不同区域产生的效果却是不一样的，这就需要投资者运用各种信息进行研究、分析、比较，最终"借"上真正有潜力的规划；

另外，即使找到了正确的方向，"借"的过程也要讲究技术。比如你"借"上了大店铺的客源，就可以考虑将经营时间与这家大店铺错开，以避其锋芒、拣其遗漏；

最后，"借"同样也可能会遭遇到不可预见的风险，其中最为典型的就是连锁加盟。有些项目由于本身含金量不高，甚至带有欺骗性质，让许多投资者遭遇了"滑铁卢"，对此我们必须多加留意。

第五章 〉〉〉〉

什么情况下都能客气的"交流方法"

要想在这个高效运转的社会中保护自己，获得发展，取得成功，过得幸福，就一定要懂得做人做事的正确方法。

交流方法是一门关于做人做事的学问，是一种谋略、智慧、路线、方法……不管你从事什么行业，不管你的职位高低，不管你的阅历深浅，学会它都将令你受益无穷。

5.1 让你八面玲珑的"交际方式"

社会是一个很复杂的大环境，人的类型也很多，一个人应该怎么去面对社会、结交朋友，实在是一件相当重要的事，却不是一件容易的事。

一般说来，朋友可分为两种：一般朋友和真心朋友。进一步说则有：点头之交、玩乐之交、默契之交、道义之交、生死之交……不管是哪种程度、哪种境界的朋友，都会对你在某方面有所提高和帮助。

我们固然要选择益友加强联系，但也要学会避开损友，懂得如何与三教九流、形形色色的各种人打交道。不过,一定不要在有求于别人时才去和他们交朋友。利益一般会偕朋友同来,但交朋友的目的,绝不是单纯地为了赢取个人的利益。要知道,我们选择别人,别人也同样可以选择我们。

所以,广结善缘的首要条件,并不是"我"喜欢什么样的朋友,而要先考虑自己是否让人喜欢、受人欢迎。"获友不易,反目一朝","易"即好朋友得之不易,有时却会因一句失言、一时失态而形同陌路,甚至反目成仇。人生之路不能无友,有了朋友,更要加倍珍惜。因此,我们要时刻提醒自己:改善自我,广结良友。

受敬仰、被尊重,这是大多数人最崇尚的一种感觉。所以,美国钢铁大王、名作家卡耐基写了一本《如何赢得友谊和获得信任》的书,得以畅销百万册,道理就在这里。在社交场上,朋友越多越好,敌人越少越妙。因而,"你受人欢迎吗"几乎决定你社交关系的分数。你受人欢迎,你的朋友就多;你受人鄙弃,很可能就增加你许多人际方面的阻力。

然而,怎样的人才受欢迎呢?一般都认为一个人"人缘"的好坏,决定于其外在形象。事实上,第一印象的确很重要,因为一个人的仪容是否端庄、整洁,能代表其个人的修养。不过,如果完全以貌取人,为别人判定分数,就会常常因此而发生"有眼不识泰山"或"识人不明",从而失之偏颇。中国古代,有一位很有名的矮丞相——晏子,当他代表齐国出使楚国时,就因相貌上的缺点而遭受嘲笑。但后来他却以自己的机智和口才,使得楚国君臣上下不得不对他"刮目相看"。汉朝的陈平则与晏子相反,是有名的"美貌丞相",其才能同样相当杰出,但是当时的人却批评他"光漂亮又有什么用"。历史证明,陈平并不只是一个"光漂亮"的人,但是我们却可以在这个例子里发现:视觉上的美感,对人际关系并没有绝对的影响。同时,这个例子也显示出:外表好看,内在可能也不错,但二者的关系并不是绝对的。

所以,一个人是否受人欢迎,不单是靠其外表的形象好坏来决定的,还有其他妙方可使你的个人受欢迎程度持之久远。例如:你是否平易近人,是否足够关心与体贴他人以及是否彬彬有礼,富有幽默感等,都是其中牵连大者。大抵说来，受欢迎的人，一定肯设身处地地为别人着想。比方说：当一个人在有事求人时，总希望别人即使拒绝，也不要使自己太难堪；因此，当我们不得已拒绝别人的请求时，也应该诚恳地表示歉意。

虽然说"友直、友谅、友多闻"，但是，当我们劝谏朋友时，态度还是应和缓，应点到为止，留一点余地给对方，不要使建设性的建议反而变成了伤人的批评。

总之，能够将心比心，时时检讨自己的得失，才可能得到别人的真心对待。所以，我们若是希望自己受人欢迎、得到好人缘，一定要先"照照镜子"，分析一下自己在别人心目中的分量。

我们常说："成功不是偶然的。"意思是说，这其中包括有志气、决心、毅力、方法。想做一个受人欢迎的人，当然也不例外。你必须从内在到外在，从开口说话到不开口的衣着语言，都散发出一种吸引人的魅力，才能够把自己推销出去。现代社会的最大特点是"忙碌"，自己分内的工作尚且照顾不周全，哪里有时间、兴趣去深入了解别人呢？所以，大部分人留在你印象中的人，只有一个粗略的轮廓，如果你不具备"特殊条件"，在别人心目中，你也只是一个模糊的影子而已。

就此而言，任何人要想在人际之中卓然出众，就得表现自己，把自己个性中最美好的一面拿出来。汽车大王福特曾为"最受欢迎的人"下过一个定义，他说："这种人，是能将内心中最美的东西引发出来的人。"的确，生命中有些东西是不依赖外力的，要想受人欢迎，全靠你自己。只要你肚子里有货，不怕没有"伯乐"不识"千里马"；只要你风度翩翩，就不怕身边不环绕仰慕的群众。

赢得好人缘的法宝是：要能够明确地把握重点，尽量表现"原有"的美质，即使天生的资质不够，也可以靠后天的培养或努力去尽力求取个人条件的完美。外在美，如仪容整洁、彬彬有礼、态度亲切等；内在美，如体贴、关心他人，富于幽默感……都可以塑造你的特殊风格，甚至进一步把你推上成功的宝座。

用平易近人的态度去接近朋友

在各种社交场合中，双方经过介绍之后，就建造起了互相交往的平台。如果说，初见面是认识朋友的第一步，那么交谈就应该是认识朋友的第二步了。而且，通常你在交谈时给予别人的印象比仅有一面之缘时更为深刻，因为你的措辞是否恰当，态度举止如何，都会表露无遗。因此，一个懂得以亲切、平易的态度去接近朋友的人，不但能在社交场中受人欢迎，获得别人的好感，而且在个人事业上，往往也会获得意想不到的成就。中国人常说的"和气生财"，其实就是这个道理。

如何才能做到"平易近人"呢？那就是使你的态度要恰到好处，要不卑不亢，既热情、谦虚，又文雅、恳切，这样的谈吐才能给别人以最深刻的印象，成就你的"行为艺术"。"不亢"就是不要"盛气凌人"、"自以为是"。如果你是一个很有学识的人，也不该轻视别人，要知道"智者千虑，必有一失"，别人的意见不一定就没有可取之处。

所以，要是你随时以高人一等的口吻或专家的姿态出现，处处像在教训别人，这样只会徒增别人对你的反感。反过来说，自卑也绝对要不得。因为一个没有自信的人，又如何能够得到别人的重视和信任呢？

平易近人并不是要人唯唯诺诺，完全没有自己的主见。"虚怀若谷"、"不耻下问"都是谦虚的态度，也是平易近人的美德，不但可表示你赏识、尊重别人的心意，也能使别人觉得你可亲可爱，自然，也帮你赢得了他人的友谊。此外，诚恳也是很重要的。有些人以为"平易近人"就是要以亲切的态度与人多接触，所以经常"主动"与他人搭讪，但如果你的态度流于轻浮，让人觉得"油腔滑调"，谁还敢付出真情呢？要给人"平易近人"的感觉，你说话的语调也具有举足轻重的作用。音调太高和太低都不适宜，容易使别人误会你的态度，最好的语调是亲切、轻快、自然而悦耳的，如果还能加上一点幽默感，那就更好了。

因此，坚持"平易近人"的态度，不但是一个正要迈向成功、在奋斗中的年轻人应该注意的,越是小有成就的人,越要随时警惕,应坚持"持之以恒"的修身准则。

善于在适当时机关心他人

关心与体贴,像一贴清凉剂,可以沁人心脾,感人肺腑。因为,每一个人都渴望别人的关心和注意,所以,当你简单说一句:"你好吗?"或是"吃饱了吗?"说不定就已化解了彼此的隔阂,找到了一位新朋友。"朋友像一面镜子",每一个人的眼睛都是雪亮的,因此,倘若想交到真正的好朋友,我们首先要检讨的是:自己对朋友怎样?俗语说"人心换人心"、"将心比心",所以,你要是希望别人关心你、体谅你,就必须先对别人付出这一份真心。

也许你自觉对朋友很好,你请他们吃饭、喝酒,陪他们玩乐,请他们到家中时也奉为上宾。但是,这些并不能使朋友对你有深入的好感,也无法满足友情的需求,有时反而会加重朋友在应酬上的负担。一个善于交朋友,关心、体贴别人的人,一定是个能为对方着想,欣赏对方,处处满足对方需要,解除对方困难,而又避免去麻烦对方的人。所以,要成为受欢迎的人,不仅要能够在朋友事业顶峰时"锦上添花",更要懂得在朋友有困难时"雪中送炭"。

有一句话常用来形容人事沧桑,我们拿它来解释朋友之间的相处之道,也颇为合宜——"眼看他起高楼,眼看他楼塌了"。不管朋友"楼起"、"楼塌",是真朋友就应长伴左右,绝不因对方的穷达而改变人情的冷暖。换言之,别人"起高楼",你要有为他祝福,欣赏他的能力;当他时运不济时,你可别幸灾乐祸,要以实际的行动协助他。如果说,你能将关心、体贴的心意建立在这种风度上,你对别人的关心和体贴才是真心诚意的,而不是茶余饭后一声"吃饱了吗?累了吗?"的虚应,别人也才会以真心来回报你。

也许,你认为要使社交成功讲究的是方法、手腕,你不以为"关心与体贴"是最重要的,但是,别忘了古训"路遥知马力,日久见人心"这句话,只有真情才能历久弥新,使友谊的芬芳越陈越香。如果你始终以同样的一颗赤

子之心与人相处,还怕没有朋友吗？如此,久而久之,你就会是社交场合中最受欢迎的"名人"了。

高度重视礼节的重要性

人是有感情的高级动物,所以,当别人敬仰你的时候,你会感到很高兴;当别人轻视你时,你又会觉得气恼。不管在任何年代,这种导致人与人之间相处的关系始终不变,这是人类的通性。而促使人与人之间相处圆满的最好方法,就是"礼"。"礼"代表着尊敬、尊重、亲切、体谅等意义,同时,也表现出一个人的修养。

现代心理学指出,"自尊是维持心理平衡的要素"。可见每个人要想维持心理的平衡和健康,都需要有活得"理直气壮"的感觉,也就是处处受人尊重,才能进一步肯定自己存在的价值。所以,尊重、体谅等"礼"节,绝不是规章条文,也不是虚假问候,而是发自内心的最基本、也最真诚的行为。俗话说:"先学礼而后问世。"学些什么礼呢？彬彬有礼的态度又是怎样的呢？没有人生下来就懂礼,家庭、学校、社会,都在教导我们成为一个具有翩翩风度的人。但是,如果一个人每做一件事,都有一套刻板的礼仪在缚手缚脚,岂不烦琐极了？事实并不尽然,因为,有许多礼仪事实上已成为日常生活中的一部分。习惯成自然,我们早已感觉不到它们的约束。另外,关于人情往来、社交活动等较特殊的礼节,只要我们基于尊重、体谅别人的心情出发,也都是不难做到的。

所以,礼,绝不能,也绝不只是讲求形式的。要保持彬彬有礼的态度,一定要从对别人的关心出发,在现实生活中随时随地贯彻关心朋友、关爱朋友的精神,在社交场合中,自然也就能以平实有礼的态度与人交往和沟通了。学习礼节虽不是一件难事,但要做到时时保持彬彬有礼的态度,也不是件容易的事。因为礼节并不只是"鞠躬如也"就可涵盖的,它在某种程度上反映了一个人的修养道德。有人说:"要学习礼节,最好是从公共场合待人接物做起。"这话非常恰当,只要平常多留心人们交往时的各种行为,就不难学习到许多待人接物的说法。如果能身体力行,适当地做到"多礼",则必然"人不怪",从而受到大家的欢迎。所以,彬彬有礼的风度,不但能成为你最高贵的"饰物",同时还能赐给你最佳的人缘。

谈吐要尽量风趣

闻名中外的幽默大师林语堂先生曾说:"达观的人生观,率真无为的态度,加上炉火纯青的技巧,再以轻松愉快的方式表达出你的意见,这便是幽默。"所以,幽默不是滑稽的表现,也不是尖酸刻薄的话语,它应该包含了睿智、亲和、真诚,并带有丰富的人情味。

我们先举个小例子,英国有一位贵族议员,他很看不起平民议员的家世。有一次他当着平民议员的面讥讽说:"听说你的父亲是医猫医狗的兽医!"那个平民议员马上反唇相讥:"是的,你有病没有?"那位贵族议员把自己的幽默建立在伤害别人自尊的基础上,我们认为这是一种刻薄的行为。所以语出幽默的同时必须心存宽厚。

每个人都乐闻好消息,喜欢生活在愉快的氛围中,谁也不愿意与一个"苦瓜脸"的朋友愁眉对望。因此,如果你是能适时发挥谈话的艺术,以一张含笑的脸说出使人如沐春风的话,必定能广结善缘。不过,一个具有幽默感的人,他最大的魅力并不止于谈味风趣、会说话而已,还能在紧急关头发挥机智,以一种了解、体谅的心情来待人处世、化解僵局。

比如美国马萨诸塞州议会某议员,因劝告一位正在发表冗长而乏味演讲的议员先生结束演讲,而被对方斥责"滚开"。那位议员气冲冲地向议长申诉,只听议长说:"我已查过法典了,你的确可以不必滚开。"

幽默感犹如一枚开心果,能够使我们生活在愉快的氛围中。它也是一种世界性的语言,使人类通过一股积极、开朗的力量,达到相互沟通的良好结果。但是,必须要有智慧、经验的内在相助,我们的幽默感才地道,也才能发挥效果。否则,宁可以微笑缄默代之。要不然发生贻笑大方的事,就真正"幽默"了。

诚恳真挚地为他人着想

我们在研究社交的学问时,一定不可忽略人性的百态,否则动辄得咎,自然四处碰壁。在我们生活的大千世界中,如果你能够通人情、懂世故,自然受人欢迎,到处吃得开,这是很明显的道理。"人通情达理",首要条件就是"善解人意"。如果你不能设身处地地为别人着想,就永远不会交到真正的朋友。即使勉强自己去接近别人,也只是表面上的敷衍、应酬。久而久之,别人就能洞悉你的客气和笑容完全是虚伪的交际、应付,如此一来,你刻意去维系的社交关系,不就等于零了吗?

人情通达虽不是一件难事,但要做到面面俱到,倒也不是件简单的事。因为,要通达人情,不可能像演算数学那样,有一定的公式可遵循。不过,在往来之中,人情应在某种程度上有其基本的态度,它不但代表一个人的道德修养,还说明了这个人的聪明智慧。所以,如能真诚地做到尊重他人、关心他人、爱护他人,那么,不论我们出现在任何社交场合,都绝不会失礼。

有许多人能在交际场合中体谅、关爱他人,处处显得温文尔雅、彬彬有礼,像是很通达人情的样子。但是,当他在其他私人场合时,却争先恐后,显得粗鲁蛮横,唯恐自己吃亏,这就是一种虚假的"通达人情"。举例来说,在搭公共汽车时,乘客一窝蜂地挤上车,根本无视于身边的老弱妇孺。这种人尽管是交际场合的彬彬君子、社交能手,但由于他只讲求个人的利害得失,因此,他在交际场合中的一切表现,可以说纯粹只是一种"心机"式的"通达人情"。所以,通达人情绝不是用来表演以求实利的,而是要在日常生活中与人和谐相处。

俗话说得好,"日久见人心。"因此,当我们以诚恳真挚的心为别人着想,同时也注意待人处世的细节时,很自然的,别人就会感受到我们的真情,就会伸出友谊的双手。经过我们大家的共同努力,人们之间的关系便会更友爱,更融洽,更合作,使人类社会更像一个大家庭。

交朋友要学会具体问题具体分析

有许多人都不太清楚结交个性不同的朋友到底会带给他们多大的好处,大多数人都喜欢找脾气相投的人结交朋友。自然啦,脾气相投,就是所谓的"合得来",你来我往,不几天就非常熟悉,非常知己。但是社会上的人千万种,跟自己脾气相投的人毕竟只占少数,如果只能跟脾气相投的人结交朋友,不能跟不同个性的人结交,那么交来交去,不外是那么三几个人。三几个人结成那么一个小圈子,就等于限制了自己的发展,束缚了自己的社交生活。许多可敬可爱、有才能、有修养的人,都因其个性与我们不同,而被我们摒拒于门外。

我们的现实生活是非常多样和复杂的,因此也就形成了人们的非常多样、非常复杂的个性。在同一所学校、同一个机关或同一个团体里,都包含着各种各样性格的成员,如果我们要和其中大多数人都保持良好的友谊关系,我们就必须学会跟个性不同的人相处。首先,我们要能尊重别人的个性,不要以我们自己的性情、嗜好和兴趣作唯一的标准,凡是跟我们一样的,就认为是好的,否则就对之"不以为然"、"看不惯"或"讨厌"。

有些人性子急,看见举动迟缓的人,就觉得浑身不舒服。其实,急性子有急性子的好处,慢性子也有慢性子的优点。急性子的人,其行动敏捷,但也容易流于暴躁、冒失;慢性子的人虽然举动迟缓,但有时却比性急的人稳定、谨慎、周密、安详。同样的,好动的人和好静的人也各有长处,各有缺点。如果好动的人和好静的人能够互相尊重,互相欣赏,就可以收到互相扶持、互相补充的效果,使双方的性格都更加完美,更加丰富,而且在共同的事业中,双方可以各自发展自己所长,补救对方的缺点。至于在各人的兴趣与嗜好上,更是多种多样,有的喜欢流行音乐,有的喜欢古典音乐,有的喜欢中国音乐,有的喜欢西洋音乐,有的喜欢下棋,有的喜欢集邮,有的喜欢旅行,有的喜欢游泳。不妨各适其处,不必勉强别人和自己的一样。然而,为了使自己能更多地了解别人,倒不妨尝试一下别人所过的生活。

　　一个知识面宽广,对任何事都有兴趣的人,就特别容易接近各式各样性格的人,他们更容易扩大自己的交友范围,丰富自己的社交生活。善于交朋友的人,绝不要求别人来迁就自己,相反的,他们却很能设法去迁就别人,很容易走进别人的生活中,去体会别人的喜怒哀乐。善于交朋友的人,他们的知识越来越充实,见闻越来越广大,触角越来越灵敏,情感越来越有弹性,而对社会与人生的了解,他们也越来越丰富,越深刻。

广交圈内人士

　　在这个社会里,一个人要想工作顺利,飞黄腾达,必须广交圈内人士。在你为了业务奔波忙碌时,必然会遇见许多与你业务有关的人。这些人,你只知道他的姓名,甚至连姓名都不知道,你跟他见面时,也不过说两三句有关业务的话,甚至于有时你只是跟他点一点头。例如,你经常到某大厦去接洽事务,经常遇见那座大厦的电梯司机;或是你到货仓去提货,经常遇见那个货仓的守门人;或是你经常到某银行存款,经常遇见那个柜台后面的出纳员等。诸如此类人员,你不知他们姓啥名谁,不知他们是何方人氏,但他们或多或少都与你的业务有点关系。你怎样对待这些人呢?你用什么态度和他们打招呼?这是一个很微妙也很实际的问题。

　　你是把他们当做一个机器配件,根本不把他们当做跟你一样的人呢?还是神气活现,作威作福,大摆你的架子呢?还是你对他们谦恭有礼,和蔼亲切,把他们当做你的朋友呢?

　　有许多人都是为了谋生而出来工作,他们的待遇很少,工作既辛苦又单调、繁重,平常已经是受累受气、心烦意乱的了,如果你对他们神气活现,或是不理不睬,他们对你也就不会有什么好感,那他们办起事来,也只顾他们自己的方便,不愿你的方便。换句话说,如果你的态度不好,那么就会到处碰壁。但是如果你把任何人都当做朋友看待,对别人有适当的尊敬与关怀之意,即使别人不知你的姓名,但一看见你的面容,听到你的声调就已经有了好感,这时,他们就像吸进一股清风,精神为之一振。既然对方对你的印象很好,那么,就好像本能一样,除了自己的方便之外,他们也会兼顾到你的方便。电梯司机会多等你几秒钟,货仓的守门人会替你找搬运工友,银行、保险公司、邮局、物业公司……的职员们,都会在你需要的时候,给你或大或小的方便。

事实上,如果你能够结交到较多业务上的朋友,你的许多业务就可以很迅速地顺利办妥,不但帮你省掉许多手续上的麻烦,并可以避免你许多不必要的损失。对这些业务上的朋友,除了对他们保持很有礼貌、很亲切的态度之外,还应该在业务上尽量帮助他们。那就是说,我们也要尽量给别人方便。业务总是有来有往的,既然别人给我们许多方便,那么我们也应该给别人许多方便,不让别人久等,不让别人吃亏,大家都在互助互利的友谊气氛中把事情办妥。

对关系比较密切的业务上的朋友,除了业务上的接触之外,我们还要安排一些私人间的接触机会,使双方在业余时间可以轻松随便地谈谈笑笑,说不定在谈谈笑笑之间又可以帮你解决许多业务上的问题。但这些业务上的朋友,毕竟跟我们私人间的朋友有点不同。固然有许多在业务上认识的朋友到后来发展成我们的至交,但社会复杂,有许多业务上的朋友,我们只应跟他们在业务上保持联系,除了业务不及其他。至于那些借口业务上的联系,就跟着某些人跑到歌楼舞榭、烟窟赌场里鬼混的现象,那更是我们应该绝对避免的。

5.2 灵巧又实用的"诡辩"

如果说辩论好比是一场不流血的战争的话,那么,"诡辩"则是这场战争中最具杀伤力的"神秘武器"。"诡辩"是一门特殊的语言艺术,它属于辩论的学科,但又超脱于辩论学中对理性乃至真理的界定。

中国古有所谓舌战,亦即非程式化的语言大搏杀,它的主要特点是随意性大,不受特定的语言环境所制约。舌战的主体是辩论,而辩论中又以临场的即兴发挥为人们所津津乐道,诡辩具有很强的、很特殊的语言杀伤力和逻辑性,它用不着为炮制长篇大论而大费心思,也不用开篇和收尾,只需简短的三言两语,就可以将书一般厚的演说驳得稀里哗啦,也可以将振振有词的雄辩高手驳得目瞪口呆。

诡辩艺术的内涵在于其灵巧性和实用性,它包括人的思辨、智谋、语言、心理、幽默等方面的综合能力,能恰到好处地为我们的某一观点服务。诡辩的最大功用在于其锋芒毕露地揭示对方论点的矛盾和漏洞,以遮掩自己观点立场的理由不足。任何形式的诡辩,其诡辩者都应该具备反应敏捷、思路畅达、推理缜密、风趣幽默等条件。诡辩应施于要害之处,最好在对方自鸣得意时来个猝不及防的打击,以搅乱对方的思辨程序系统,使其对突然骤变的形势无力招架而落败;但我们并不提倡诡辩手段的信手拈来,见隙便用,因为如果滥用诡辩,就会使辩论显得苍白无力,令人乏味。

一辱俱辱,一荣俱荣

运用"荣辱相连"的方法诡辩,是指在辩论中抓住论敌观点与自己观点的连带关系,或者将自己的耻辱与光荣和对方连在一起,一辱俱辱,一荣俱荣,使对方的反驳失去功效,从而无法刁难或提出无理要求的诡辩技巧。

运用"荣辱相连"诡辩术,要注意找出对方的观点与自己观点的连带关系,从而进一步把对方牵连进来,与我们一起共担荣辱。如:

某次,晏子出使楚国。楚国人想乘机污辱他,让他从小门进去——因为晏子身材矮小。晏子拒绝从小门进入,他对守门吏说:"出使狗国的从狗门进入。现在我出使楚国,不应当从这门进去。"守门吏只好让他从大门进去。楚王仍不甘心,他问:"齐国没人了,叫你来当使者?"晏子回答说:"齐国的临淄有三百闾,人们张开袖子便成布帷,挥去汗水好像下雨,肩并着肩,脚跟接着脚跟,怎么说没人呢?"楚王问:"可是为什么派你来呢?"晏子答道:"齐国派遣使者各有对象,贤能的人派遣给贤明的君主,没才干的人派遣给没才干的君主。我晏婴最没才干,所以就只能出使楚国。"

晏子以其机智和敏捷巧妙地处理了对方的突然发难,先将对方问话中的攻击或对方制造的困境接受下来,然后顺着对方的话题,巧妙地将困境回敬给对方,使之"一荣俱荣,一辱俱辱",从而使对方陷入自讨苦吃、无力回击的境地。

运用"荣辱相连"诡辩术,要注意语气要和缓,要绵里藏针,不必制造一种剑拔弩张的气氛。这样既能表现自己的机智,又能显示自己的风度。

战国时魏国吞并了中山国,魏王把占领的土地分封给自己的儿子。

有一天,魏王问手下大臣:"我是个怎样的君子?"

大家忙回答:"是位仁君。"

唯有大臣任座提出不同看法:"分封土地给儿子而不给兄弟,算什么仁君!"

魏王听了,很不满,任座却拂袖而去。魏王又问翟璜。翟璜委婉地说:"我听人们常说,'君王仁义,下臣耿直',刚才任座说话那么直率就足以说明您是一位仁君。"魏王听了,羞喜交加,连忙让人把任座请了回来。

翟璜巧用荣辱相连式诡辩,既给魏王极大脸面,又委婉地为任座说情,且通过对魏王的奉承让他不得不宽恕任座。

诡辩既需正面进攻,又要能侧面迂回。"荣辱相连"诡辩术就是一种较好的迂回战术,对维护自己的尊严及取得诡辩的胜利具有关键性作用。

俄国寓言作家克雷洛夫生得较黑,偏偏又喜欢穿黑色衣服。一天,他遇到两个穿得花里胡哨的公子哥儿,其中一个见到克雷洛夫就对他同伴说:"看,飘来了一朵乌云!"

克雷洛夫应声说道:"怪不得青蛙高兴得呱呱叫了!"

克雷洛夫巧妙地运用"荣辱相连"诡辩术,既使自己摆脱困境,同时又给对方致命一击,自然贴切而又天衣无缝。

迎合对方，"诱"其上钩

投其所好的诡辩，是指在论辩中诡辩者故意做某件事或说某句话来迎合对方的喜好，使对方上钩，然后再反戈一击，使对方在傲慢中彻底失败的诡辩技巧。

投其所好，"投"是为了迎合对方的某种嗜好，但这并非是真正目的，其真正的目的是引对方上钩，使对方昏昏然，然后反戈一击。因此，这个"投"，一定要迎合得巧妙，不能让对方看出任何破绽。

要想运用好投其所好诡辩术，还要了解对方的"好"，这样才能投其所"好"。所以辩论之前要进行"火力侦察"，要做到有备无患。

王龙溪行侠仗义，喜欢在酒楼赌场消磨时光。王阳明很想将他收罗到门下，但王龙溪认为他是个腐儒，连见也不见。于是王阳明命门下弟子终日赌博饮酒。过了一些时候，王阳明叫一个弟子找王龙溪赌钱。王阳明笑着对王龙溪道："腐儒也能赌钱呀！"王龙溪大吃一惊，马上求见。

二人见面后，王龙溪对王阳明大为折服，立即自称弟子。

王阳明为了拉拢王龙溪，可真是费尽了心机，他使用的就是投其所好诡辩术。运用投其所好诡辩术时，当发现对方上钩后，要及时反击，给对方迎头一棒，使对方手足无措，难以应付。前面所有的准备都是为这"一击"而进行的，因此，这是至关重要的一步。

在一个晚会上，英国文学家萧伯纳独自坐在一旁想心事。一位美国富翁非常好奇，他走过来说："萧伯纳先生，我想出一块钱来打听你在想什么？"显然，这位富翁不但干扰了萧伯纳先生的思绪，而且还浑身散发出一股铜臭味。并且他说的这句话显得俗不可耐，完全是对萧伯纳人格的污辱。

对富翁庸俗的揶揄，萧伯纳决定给予反击。他抬头看一眼富翁，说："我想的东西不值一块钱。"这下更引起了富翁的好奇，他急不可待地问道："那么你究竟在想什么东西呢？"

萧伯纳笑了笑，叹口气说："我想的东西就是你呀！"

萧伯纳反击富翁的方法就是投其所好诡辩术。

富翁问他在想什么,如果萧伯纳直接回答的话,必然兴味索然,达不到反击的目的,而他所说的"我想的东西不值一块钱",顿时勾起了富翁的好奇心,使富翁不知不觉地上钩,非要问个水落石出不可。没想到,萧伯纳的最后一句话一出口,就如揭开了一个谜底,给了富翁当头一棒。

美国口才大师卡耐基曾经说过这么一句话:"即使你爱吃香蕉、三明治,但是你却不能用此去钓鱼,因为鱼是不喜欢它们的。你想钓到它,必须要下鱼饵才行。"

诡辩中的反击技巧

1.反唇相讥

主要用于对敌论辩中,以回击敌方的辱骂或人身攻击,可使论敌处于十分尴尬、狼狈不堪的境地,显示其虚弱无力与浅薄无聊。如人们熟知的"晏子使楚",晏子就是运用此法回击楚王及大臣们的挑衅与侮辱的。

2.巧用幽默

在论辩中,巧妙灵活地运用幽默技巧进行反击,既可使对方茫然失措,尴尬难对,又可使第三者对我方产生同情与好感,有利于我方在论辩中获胜。用幽默的话语回击刁钻古怪的诘难,尤有良好效果。如有人对前苏联诗人马雅可夫斯基进行诘难:"马雅可夫斯基,你的诗不能使人沸腾,不能使人燃烧,不能感染人。"马雅可夫斯基回答:"我的诗不是大海,不是火炉,不是鼠疫。"此回答幽默风趣,既进行了反击,又博得了听众的好感。

3.借言反驳

借用对方亲口说的话或对方承认了的话来反击对方,可收"以敌制敌"之效。借言反驳有两种情况:一是借用对方原来讲过的话进行反驳,即当场借言;二是可借用对方语言表达的句式,从而"将话答话"。一位女议员对丘吉尔说:"如果我是你的妻子的话,我就会在你的咖啡里放上毒药。"丘吉尔则回答:"如果我是你的丈夫的话,我就把它喝下去。"

4.假言归谬

即先假设对方的观点是合理的，然后将对方貌似合理的观点加以引申，甚至推向极端，以显露其不合理的本质，从而推倒对方的观点。

5.因事设问

论辩中，就对方提出的事实设问，将事、情、理溶于一炉，具有很强的反击力。如恩格斯回击普鲁士检查机关诬陷《新莱茵报》的文章诽谤宪兵时，用一连串设问，指出对方事实之虚妄："这些所谓的被诽谤者甚至没有被指出名字，没被确切指出是谁，检查机关怎么能说这是诽谤呢？这里指的六七个宪兵，他们是谁？他们在什么地方？诸位先生，你们是否知道，确实有某个宪兵由于这篇文章而受到了'公民的憎恨和鄙视'呢？"

6.反问直诘

论辩中，用反问句直接进行驳诘，很有力量。尤其是以比喻或类比相配合，效果更佳。

5.3 低调一点的"聪明展示"

俗话说，人怕出名猪怕壮。在社会上，尾巴翘得越高的人，离危险也就越近；目空一切、高高在上的人，迟早会有摔下来的那一天；不懂得隐藏、拿秘密到处去晒的人，肯定是得了"社会幼稚病"。

你可以比别人聪明，但要低调

俗话说得好："人心隔肚皮，虎心隔毛衣。"

中国有一句成语叫做"锋芒毕露"，"锋芒"本指刀剑的锋利，如今人们却将之比作人的聪明才干。古人认为，如果一个人看上去毫无锋芒，则是扶不起的"阿斗"，因此有锋芒是好事，是事业成功的基础。

在适当的场合显露一下自己的"锋芒"也是有必要的,但是要知道,锋芒可以刺伤别人,也会刺伤自己,所以在运用的时候要小心谨慎。物极必反,过分外露自己的聪明才华,最终会导致自己的失败。尤其是做大事业的人,锋芒毕露,尽展自己的聪明和优秀,非但不利于事业的发展,甚至还会失去自己的身家性命。

有一位年轻的海关人员,参加了一个重要的行业座谈会。在座谈会中,一位海关司长对年轻的海关人员说:"海事法的期限是6年,对吗?"年轻的海关人员激烈而大声地说:"不。司长,海事法没有这项期限。"这位年轻的海关人员后来对别人说:"当时,座谈会内立刻静默下来,似乎温度也降到了冰点。虽然我是对的,他错了,我也如实地指了出来。但他非但没有因此而高兴,反而脸色铁青,令人望而生畏。尽管真理站在我这边,但我却铸成了一个大错,居然当众指出一个声望卓著的人的错误。"

在指出别人的错误的时候,我们为什么不能做得更高明些呢?古希腊著名的哲学家苏格拉底在雅典的时候,一再告诉自己的门徒说:"你只知道一件事,就是一无所知。"英国19世纪政治家查士德裴尔爵士,则更加直白地训导他的儿子说:"你要比别人聪明,但不要告诉人家你比他们更聪明。"

无论你采取什么样的方式直接指出别人的错误:或是一个蔑视的眼神,或是一种不满的腔调,或是一个不耐烦的手势……都有可能带来难堪的后果。因为这等于在告诉对方:我比你更聪明。这无异于否定了对方的智慧和判断力,打击了他的自尊心,还伤害了他的感情。

这样做不但不会使对方改变自己的看法,还会引起他的反击。这时,即使你搬出所有的权威理论和所有的铁定事实也无济于事。这不是给自己增加困难吗?因此,在指出别人的错误的时候,应当做得高明一些,不要表现出"我比你更聪明"。

例如,你可以用若无其事的方式提醒对方,让其他人觉得他好像是忘记了,或者好像是他没说清楚,这将会收到神奇的效果。

著名科学家玻尔就是这样一位极其尊重他人但又非常坚持真理的人。当他对别人的观点提出不同意见时,他常常预先声明:"这不是为了批评,

而是为了学习。"这句话后来成为一句名言被人印在一期物理杂志的封面上,作为献给玻尔的生日礼物。一次,有人发表学术演讲,但效果非常糟糕。玻尔也认为这个演讲"完全是瞎扯",但他仍然热情地对演讲者说:"我们同意你的观点的程度,也许比你所想象的还要大!"玻尔同爱因斯坦展开过一场为期近三十年的学术大争论,两人的观点完全相对立。但爱因斯坦认为,在反对他的观点的阵营中,玻尔是最接近于公正地处理他所代表的学术观点的人。

玻尔的这种态度及他为人方面的其他杰出表现,不但有助于他取得巨大的学术与教育成就,而且使他深受人们爱戴,使他的为人甚至比他的科学教育成就更为人们所仰慕和歌颂。

你的锋芒是一把"双刃剑",如果运用不当,就会刺伤别人和自己,所以你要加倍小心。

饶舌的人走到哪里都不会受欢迎

古语说,说是非者,本是是非人。凡是与是非沾边的人,其所遇到的麻烦肯定多。所以,当你在办公室时,要多做事少说话,千万不要沾是非的边,躲得越远越好。

在日常工作中,你可能经常遇到一些饶舌之人,他们喜欢说人是非,挖人隐私,甚至对打听不到内容还会胡乱编排,造成同事之间不必要的误会。这种人非常惹人讨厌,让人烦不胜烦。因此你要做的就是少说话,多做事,免得不知不觉中被人拉入了是非圈。

安琦是一个刚进公司的新人,她工作非常出色,就是总一副忧愁的样子,没有一点笑容。公司的米大姐见此,觉得很奇怪,很想打听安琦为什么总不开心。于是她很热心地邀请安琦去她家吃饭,还告诉了安琦自己的秘密。

看米大姐这么热心,还将自己的秘密说出来,安琦很感动,她感觉和米大姐已经惺惺相惜了。于是乎,安琦将自己的心事也全都说了出来。原来,安琦爱上了自己的上司,因此才不开心。

然而没过多久,安琦发现同事们总是用一种奇怪的眼光看着她,让她觉得很诡异。终于有一天,公司的另一位同事小姚偷偷告诉安琦说:"你的事,大家都知道了!其实,你不应该将你的秘密告诉米大姐,她是个出了名的'大嘴巴'。"

安琦觉得愕然:"可是她不也一样将她的秘密告诉我了吗?"小姚摇了摇头,对安琦说道:"人家和你不一样,人家米大姐不在乎这些东西,她和自己的老公幸福着呢。"安琦听了,真是悔不当初,但是又有什么用呢?最后安琦因为受不了舆论的压力,辞去了干得好好的工作。

安琦的失败就在于,她轻易地告诉了别人自己的秘密,将自己陷入了是非圈中。在职场上,不论对别人说出自己的秘密,还是去听别人的秘密,对自己都是没有任何好处的,且会对你的职场生涯产生很多负面影响。

玲玲半年前准备跳槽到她已经联系好的新公司,结果还没正式上班,就被那家新公司给辞退了,后来就一直找不到合适的工作。为什么呢?原因就在于在即将跳槽的那段时间,玲玲给自己的嘴巴彻底松了绑,让自己当了一回"长舌妇",狠狠地过了把瘾。

玲玲在原来公司的人力资源部工作,因此了解公司里很多人事关系,以及非常敏感的薪资问题。平时,她都会管住自己的嘴,可由于自己最近找到了另一家好公司,于是,玲玲管不住自己的嘴了,开始向同事们抱怨这个上司或那个上司不好,或者是说出上次的年终奖谁高谁低等,给公司惹了不少麻烦。

让玲玲没想到的是,谈妥了的新公司竟然不聘用她了,原因就在于这件事情经过原来的同事、上司的口,就逐渐在业内传开了,这也导致她在后来的求职中不断碰壁。

看看,即使你将另谋新路,也不要放松对自己的警惕,一定要管好自己的嘴巴,多做事,少说话,因为饶舌的人到哪儿都不会受人欢迎的。

你的身边可能也不乏这种人。如果他是你的部下,那你就得多花点时间在他身上了。比如,可以抽空多和他聊聊天,告诉他有那饶舌的时间,还

不如多学点实用的东西,以提高自己的能力,不要动不动就说人是非,传播小道消息等。如果他是你的同事,那么最好不要和这种人多说话。你要做的就是埋头做事,不要对他有所回应,这样次数多了,他自然也就不找你说话了,这样做还可以避免影响同事之间的感情。

除了要少说话避是非之外,也要多做事。总有一些人眼高手低,"小事不愿干,大事干不了",这在职场新人中尤为明显。如果不注意纠正这个毛病,很可能会使你成为志大才疏的人,不仅得不到领导的赏识,更不用说晋升了。即使是一件小事,也要一丝不苟地努力做好。所谓小事情中见大精神,做好小事可为以后做大事积累资源,还可得到领导的赏识,为自己争取晋升的机会。

处理职场的人际关系,也应当多看、多听、多干、少说,这同时也是处理好复杂关系的门道。不管什么时候,你都要记住这句话——量大福也大,机深祸也深。只有少说话,多做事,才能让你在职场中游刃有余地生存和发展。

高高在上的人总会有摔下来的那一天

在世俗的世界里,你只有放下架子,平等地对待每一个人,才能打开别人的"心灵窗户",而如果你一味地高高在上的话,你就会失去朋友。当你察觉只剩下自己孤零零一个人的时候,你会发现,当失去了别人的参照,自己的位置是高是低还有什么意义呢?

一个新上任的年轻军官要在火车站打个电话,他翻遍所有的口袋,也没找到零钱。他到站外看看有没有人能帮他的忙。这时有一位老兵走了过来。年轻军官拦住老兵说:"你有10便士零钱吗?"老兵忙把手伸进口袋,说:"等一等,我找找看。"年轻军官生气地说:"难道你不知道应该怎样对军官说话吗?现在让我们重新开始。你有10便士零钱吗?"老兵迅速立正回答道:"没有,长官!"

这位老兵的兜里真没有10便士的零钱吗?未必,他之所以这么痛快地说"没有"，原因只有一个——这位军官的态度过于骄横了，这样高高在上的样子谁看了都不舒服，怎么还会有人借给他钱呢？

高高在上，源于一种基于个人地位、财产、知识等方面高于别人而产生的一种优越感。这种优越感体现在人的表情、语言和动作上，就是高高在上。"高高在上"可能会给你带来暂时的心理上的满足，但它却让你在不知不觉中伤害了别人。

更为严重的是，高高在上的人，容易伤害他人的尊严。他不会用平等的眼光看待别人，他总觉得自己高人一等，别人都是"下等人"，只配给自己当配角，打下手。可是他却忽视了一个问题——也许别人的才学不如你，也许别人的经验不如你，也许别人的财力不如你，但是，别人也有自尊，和你那所谓的自尊一样，不容他人侵犯。所以，当你那瞧不起人的目光落到他人的眼中时，你已经触动了他心中最宝贵、最不能伤害的部分——尊严，很难想象一个被你看不起的人会真心地和你交朋友。

一个人的成就再伟大，也只是相对于个人而言，在我们所生存的这个大宇宙中，所有的一切都显得那么渺小。爱因斯坦所取得的成就是非常客观的，但他还是不看重这些，保持着谦逊的品质。有句话说：不要留恋你的影子——哪怕它很辉煌，但它毕竟只是虚无缥缈的影子而已。要知道，当你望着你的影子依依不舍的时候，你正好背离着照亮你的太阳。爱因斯坦由于创立了"相对论"而声名大振。据说，有一次，他9岁的小儿子问他："爸爸，你怎么变得那么出名？你到底做了什么呀？"爱因斯坦说："当一只瞎眼甲虫在一根弯曲的树枝上爬行的时候，它看不见树枝是弯的。我碰巧看出了那甲虫所没有看出的事情。"

高高在上，容易挫伤他人的积极性。高高在上的人一般不屑于去做具体而细致的工作，不仅如此，他也看不起从事所谓细小工作的人，对别人所做的工作，他或是没有根据地挑三拣四，百般刁难，或是不屑一顾，视而不见。一个人辛辛苦苦工作，做出了自己满意的成绩，却得不到对方最基本的认同，他怎么还会有干好工作的积极性呢？

"高高在上"地做事，最终伤害的还是自己。高高在上的人，他们总是千方百计维护自己所谓的权威，当他们觉得自己的权威受到挑战的时候，往往会做出过激的反应。另外，由于他们的高高在上，他们听不到朋友的建议，不接受下属的意见，完全把自己封闭在高高在上的云端里，盲目地自我膨胀，最终难免会跌下云端。

两头驴子驮着沉重的袋子，吃力地往前走。一头驮的是满袋财宝，另一头驮的是满袋粮食。驮着财宝的驴子本来就有些盛气凌人，平时没事儿也要扯高嗓门儿冲天叫两声，生怕别人不知道它的存在。这次，自己驮的东西价值不菲，更是显示的好机会，于是它昂首阔步，把系在脖子上的铃铛摆得悦耳动听，当然更忘不了不时地仰天长鸣。而它的同伴则不声不响地跟在它后边。

突然，一伙强盗从隐蔽处蹿出来，扑向驴队。强盗跟主人扭打时，驮财宝的驴子惊吓得仰天大叫，四处转圈。强盗生怕被别人听到，用刀刺伤了它，贪婪地把财宝抢劫一空。驮粮食的驴子却十分平静地向前赶路，它知道强盗对粮食不感兴趣，因此，自身会安然无恙。

强盗走后，那头驮财宝的受了伤的驴子全无了刚才的神气，大叹倒霉，对同伴说："还是你运气好啊，虽然不神气，但总不至于挨刀子。"

那头驮财宝的驴不懂得收敛自己，最终酿成了悲剧。在我们的生活中，一些人不也是在幸福降临时光顾着神气，忘了在令人仰慕的背后暗藏着的险情了吗？可见，盛气凌人往往会使自己处在很不利的位置上，这实在是不明智的做法。

俗话说："江山易改，本性难移。"性格虽然难以改变，但是我们却可以适当收敛性格，从而张扬个性。盛气凌人，既误人又误事，这种例子不胜枚举。比如，因一句无甚利害的话，性格暴躁的人便可能与人打斗，甚至拼命；又如，糊里糊涂的人，因别人给自己的一点假仁假义，又心肠顿软；还有很多因性格的冲动、头脑简单、不理智等而犯的过错，大则失国、失天下，小则误人、误己、误事。这些都是因为任个性随便张扬，蒙蔽了人的心智所为的典型。

傲慢自大，随便张扬个性，不会赢得别人的理解与尊敬；相反，保持一种良好平静的心态,谦逊礼让,才是克服遇事冲动、不冷静的"灵丹妙药"。摒弃傲慢,保持谦逊,你才能真正主宰自我。

5.4 宽容是最好的待人方法

在现实职场中,有的人不一定就非跟你过不去,但却总是有意无意地排挤你。你的努力工作被认为是表现欲强,你对同事的关心被认为是虚情假意,同时,有人还会不经意间散布一些小道消息来攻击你。在这种"暗箭"之下,你的工作情绪自然会受到影响,怎么应对这种情况呢?

小王与小胡差不多是同时进某事业单位的,但他们并不怎么来往,大概是两人性格相差太大了。小王特别开朗,每个同事和小王的关系都很好,而小胡比较内向,每天都看他皱着眉头,不知道在烦什么事情。

因为小王的工作表现和平时的为人处世,领导准备提升小王,正好他们办公室主任要退下来,领导找小王谈话,准备让小王接这个位子。也不知道这次谈话的内容怎么被小胡知道了,他就开始冷嘲热讽起来,意思是:小王是个圆滑的人,很会拍马屁。他也不顾忌什么,这种话就当着所有同事面说了,让小王特别尴尬。小王也不和他一般见识,就等着"任命状"批下来。"任命状"如期批了下来,但他们单位有这样一种规定,就是真正任命还要等一段时间,先征求大家的意见,等大家都没有意见了,被任命者才能正式走马上任。这虽然是走走形式,但既然是规定,也不得不遵守。

刚过了一个星期,局里的领导来找小王谈话了,很严肃的样子。领导说单位收到了匿名信,说小王生活作风有问题,信上还煞有介事地写道:"某年某月某日有某个女人进了他的家"。看了这样的罪状,小王气得差点吐血。这一老掉牙的招数居然现在还有人使用,有人大概是觉得小王的爱人在外地工作,小王被怀疑就是再正常不过的了。信的署名是"一个打抱不平的同事"。小王第一个怀疑的人就是小胡,因为小胡平时嫉妒、排挤、抢功总

少不了他的份,而他在一开始的表现也实在让小王怀疑。

幸好局里的领导对小王特别了解,也对这种匿名告状的形式不屑一顾,最后这件事就不了了之了,小王还是如愿当上了办公室主任。在小王升职之后没几天,小胡主动提出了辞呈,说要下海经商。这样小王就更确信那封匿名信是小胡写的了,虽然小王对小胡不算太了解,但从这段时间小胡的表现他已经猜出大概了。虽然小胡的匿名信并没有影响小王的升迁,但从这件事中,小王也确实领略到了"暗箭"的厉害。

"人在江湖漂,哪能不挨刀",《武林外传》中,小郭轻巧的一句自嘲,却道尽了人情世故的复杂。职场如江湖,有时,单位里的明争暗斗,比真实的江湖更加激烈残酷,虽不见刀光剑影,自有人频频中招。在这些伤人不见血的"武器"中,最可怕的莫过于"暗箭"。

面对"暗箭",一味地躲避当然不足取,可弄得遍体鳞伤,还咬牙不流泪,也不是聪明之举。俗话说得好:"知己知彼,百战不殆。"在职场上,只有时刻注意到身边潜在的危机和暗中放箭的敌人,并做好防范攻略,才可以纵横捭阖,步步高升。

有三种人最喜欢放"暗箭",你需要防上加防。

第一是蟑螂型。这种人爱打官腔、卖弄风情、见风使舵、投机取巧,喜欢出风头,他们大事做不来,小事不愿做,最喜欢吹牛拍马、巴结上司,极尽谄媚之能事。这种人在职场中地位并不高,但往往他们的势力很大,像蟑螂一样无处不在。

对付这种人,如果他们做的不是太过火,大可不必去理他们。

第二是老鼠型。这种人阴险狡猾,爱打小报告,爱做小动作,爱给人穿小鞋,他们时时都想贬低别人,抬高自己,惯于剽窃他人的创意,冷不丁会偷袭你一下,但不具备致命危险。

对付这类人,对付他们的策略是敬而远之,井水不犯河水。你可以把他当做喜鹊,也可以把他当做乌鸦。在他们面前尽量不要谈及你的私事和涉及第三方的事,也不要从他们口中探听他人的隐私。

第三是毒蛇型。这是最危险的一种人,对他们你切不可大意,因为他们可能有一个美丽的包装,是典型的笑里藏刀的"两面派"。他们可以一面与你谈笑风生,一面在桌子底下捅你刀子。他们不仅心胸狭窄,而且妒忌心重,谁要是得罪了他们,必然会遭到各种手段的打击报复。

对付这类人,你要小心为妙。平时努力做好自己的工作,绝不和他们同流合污,也绝不要相信与这类人能建立起什么"推心置腹"的"办公室友谊"。对他们偶尔给你的小恩小惠,要随时保持警惕,防止他们的"暗箭"伤人。对他们的攻击,要该出拳时就出拳,一旦出拳,就要快速,一击必中。

"明枪易躲,暗箭难防",别人要害你,不会事先告诉你,所以你要做到——害人之心不可有,防人之心不可无。

自己的隐私不随便说,别人的隐私不随便听

在美国五角大楼公共事务办公室当助手的莱温斯基小姐曾经和总统克林顿有过一段地下恋情,从白宫调往五角大楼后,莱温斯基继续吹嘘她在白宫的关系。

有一次,当克林顿在电视上露面时,莱温斯基宣称,总统戴的那条领带是她给他买的。莱温斯基的大多数同事不理睬她的这种女孩子气的炫耀,但是有一个人却听得很起劲,这个人就是国防部公共事务办公室的一名助手琳达·特里普。

48岁的特里普不久就开始同莱温斯基建立了亲密的友谊。虽然特里普的年龄比莱温斯基大一倍,但是这两人却很谈得来。随着时间的推移,这种友谊发展成为一种母女般的信赖关系。但莱温斯基万万没有想到特里普是一个出卖朋友的人。特里普对政府不满,对年轻貌美的莱温斯基更是充满了嫉妒,她关心爱护莱温斯基的行动背后,掩盖着她不可告人的动机。

当莱温斯基在特里普的引诱下说出与克林顿的关系时,特里普偷偷按下了自己准备好的录音机的开关。特里普一共给莱温斯基录制了17盘共20个小时的录音,而这些,都是在莱温斯基毫不知情的情况下完成的,而这些录音,直接导致了克林顿和莱温斯基的声名狼藉。

个人隐私是一把"双刃剑"，当你把它亮出来的时候，虽然看起来能给别人带来一定的威慑，但最终受到伤害的，还是你自己。所以，在办公室里，你不要用公布自己隐私的形式来取悦他人，或是证明自己对他人的信任，更不要公布他人的隐私来证明自己的"消息灵通"。在涉及隐私的问题上，三缄其口，想好再说非常必要。

首先，对自己的隐私信息要分类给予加密，并且定好不同的保密等级。这就像保密文件一样，要把个人隐私信息也分为"绝密"、"机密"、"秘密"和"公开"几个等级。对那些极有可能给自己严重伤害的信息，比如个人的私密感情，以前和现在的不愉快经历等，归于"绝密"等级，这类信息一旦泄露，就可能打乱你的正常工作和生活，甚至会让你在办公室里声名狼藉。所以，这个级别的隐私信息是绝对不可以随便说的。

比如，个人收入、与上司的私人关系等信息就属于"机密"等级，这类信息泄露后可能导致同事对你的不信任，让你成为别人抨击的对象，因此，这个等级的信息也需要慎重谈论。至于个人年龄、他人的隐私以及自己对他人的看法，则属于"秘密"等级信息，谈论这些可能带来一些不愉快的后果，需要根据场合和对象决定是否谈论这类话题。至于个人爱好、理财经验、美容、购物等都是可以公开的信息，只要不在工作时间高谈阔论，一般不会对你的前程带来影响，反而会使办公室的气氛变得活跃起来。当然，上面的这个分类方法并不是一成不变的，在不同的单位和不同的人面前，分类的标准是不同的。你必须要有一双慧眼和一个运转灵活的大脑，认清形势，并做出正确的判断。

其次，要巧妙地对待"长舌"同事。有的人喜欢关心或者窥探他人的隐私，对这些人，直截了当的拒绝或许会伤及同事之间的感情。我们可以采取模糊回答的方法，比如"很好"、"凑合"、"差不多"等，然后有意识地转移到其他的话题上去。对方看你不太热衷于谈论这样的话题，一般就不会追根问底了。对一些偏爱刨根问底的人，可以采取行动拒绝法，起身去洗手间，或到别的办公桌找文件，甚至拨一个客户的电话寒暄两句，都可以表明你不愿继续谈论下去的态度。

当然,对他人的隐私,我们也要着力保护,不要随便谈论他人的隐私。因为对方和你一样,也有保护自己隐私的需要。如果你不小心碰到了别人的隐私,发现对方的情绪已经产生了细微的变化时,要立即刹车,应该及时采取适当的方式转移对方的注意力,这样对方就明白你是没有恶意的了。我们要以宽容、平和的心态对待别人的隐私,不谈论、不窥探、不传播别人的隐私,这样才能营造和谐的工作氛围。

在工作期间,你是一个热情开朗的雇员,而不是一个心理医生。你也不需要把办公室当成心理咨询室,毕竟,办公室不是倾诉隐私的地方。

耳朵根子硬一点,甜言蜜语是有毒的

甜言蜜语有时候是会害人的。因为甜言蜜语就是一剂毒药,当你听得多了,不但心会软,腿也会软。整天处在这种甜蜜蜜的环境中,你会以为人间就是天堂,没有阴暗、没有挫折、没有任何反对意见,自己犹如一个至高无上的帝王。这个时候,你就会看不清自己的问题,早晚会摔个大跟头,跌个嘴啃泥。到那时你才发现,原来甜言蜜语真的会害死人,不好听的真话才是自己需要的。就像你生了病,喝糖水是绝对好不了的,糖水再甜也只是嘴上的美味。要想恢复健康,总得吃点苦药,或者承受一下打针的疼痛。

秦朝末年,刘邦率大军攻占咸阳城以后,立即跑到闻名已久的秦宫查看。秦宫宫室华丽,宝物不计其数,都是他从未见过的,还有许多美丽的宫女向他跪拜。于是,刘邦打算先住下来享受一番再说。

这时,大将樊哙知道了,赶紧劝阻刘邦说:"大王你是想拥有天下呢,还是只想当一个妻妾成群的'大富翁'?"刘邦说:"废话,我当然想做天下之主!"樊哙说:"你现在留恋的这些,都是导致秦朝灭亡的东西啊!如果你也迷恋这些东西,那么迟早也得灭亡!"樊哙的话很难听,刘邦很不高兴,于是气哼哼地仍在宫殿里饮酒作乐。无奈之下,谋士张良又跑来了,他对刘邦说:"秦王残暴,百姓造反,所以您才来到这里,为天下除掉暴君。可如今刚入秦地就想享乐,难道要当新的暴君,然后再让别人推翻吗?俗话说得好,正直的劝告往往不顺耳,但是有利于行;汤药很苦,可是有利于治病。希望您能听从樊哙的劝告。"

刘邦终于醒悟过来,出了一身冷汗,马上下令封锁府库,关闭宫门,返回了军营。

假如刘邦不是一个明智的人,就势必听不进刺耳的劝谏。虽然大家都是为汉家江山着想,却极有可能惹恼刘邦,惹来杀身之祸。若果真如此,恐怕中国的历史就要改写了。因为刘邦无异于让自己成为新的暴君,在当时群雄并起的年代,他很快就会被别的英雄所灭掉。刘邦听得进"逆耳忠言",服得下"苦口良药",这正是他可以击败项羽,建立汉家天下的原因。

如果你每天听到的全是赞美之词,或者都是一致认可的声音,请千万不要天真地以为自己无所不能,是永远正确的。这恰恰说明,你正被别人泡在"蜜缸"里,你正处于慢性自杀的边缘。被人泡在"蜜缸"里,绝对不是一件值得庆贺的好事,因为在"蜜缸"泡久了,蜜就成了毒药,可以把你的意志全都泡软,泡散,让你彻底失去对危险的感知力。

唐朝李林甫就是一个口蜜腹剑的阴谋家,他专门跟那些品德高尚、为人正派的忠臣过不去。他陷害人时,绝不是一脸凶相,而是甜言蜜语地吹捧对方,让对方感觉他是最亲近的人,然后他再暗地里找到刀的把柄,拿对方开刀。

你一定要清醒地认识到,甜言蜜语大都是有毒的。每个人都会犯迷糊,谁都不能保证自己无可挑剔,但只要我们能排斥甜言蜜语的干扰,勇敢地喝下"苦口良药",就能确保在处理事情时正确无误。不管别人的话有多难听,我们都要让他把话说完,听听他到底想表达什么意思。对各种反对的意见和批评,我们都要冷静地分析。你不要因为别人的话难听就盲目反驳,而应该站在客观立场上分析事实。哪怕对方说得没有道理,你也应该抱着"有则改之,无则加勉"的态度,这样才能从善如流,让自己变得更加明智。

"交浅言深"是不成熟的典型表现形式

俗话说,"事无不可对人言"。老于世故的人,只说"三分话",绝不是他不诚实,绝不是他狡猾。说话有三种限制,一是人,二是时,三是地。非其人不必说;非其时,虽得其人,也不必说;得其人,得其时,而非其地,仍是不必说。非其人,你说三分真话,已是太多;得其人,而非其时,你说三分话,正给他一个暗示,看看他的反应;得其人,得其时,而非其地,你说三分话,正可以引起他的注意,如有必要,不妨择地长谈,这叫做通达世故的人。

在同事中发展交情宜慎重,因为大家会长期相处,若交友不慎,将影响你以后的处境。

起初,同事之间大多不会显露出对公司的意见,但是俗话说得好,"路遥知马力,日久见人心",只要一起吃过几次饭,一些见识浅薄的人就很容易把自己的不满情绪倾诉给你听。对这种人,你不应和他有更深的交往,只需做普通同事就可以了。

假如和对方相识不久,交往一般,而对方就忙不迭地把心事一股脑地倾诉给你听,并且完全是一副苦口婆心的模样,这在表面上看来是很容易令人感动的。然而,转过头来他又向其他人做出了同样的表现,说出了同样的话,这表明他完全没有诚意,绝不是一个可以进行深交的人。"交浅言深,君子所戒",千万不要附和这种人所说的话,最好是不表示任何意见。

有些人唯恐天下不乱,经常喜欢散布和传播一些所谓的内幕消息,让别人听了以后感到忐忑不安。例如"公司将会裁员"、"公司将会改组"、"上司对某某人不满"等话语,都是这种人的"口头禅"。与这种人要保持距离,以免被其扰乱视听,或者被卷入某些是是非非中。

有的人喜欢盗用公司资源。所谓盗用公司的资源,不一定是指私用公司的文具或其他物质,也包括在工作时间做私人事务这样的事。

许多人认为在公司里工资太低,因而总是想方设法抽出部分工作时间去办理私人事情,作为自己在心理上的补偿。不要与这种人成为好朋友,否

则一旦被上司发现,上司对你的印象就会大打折扣,认为你们是同流合污,对你而言,非常不值。

在公司中,有许多人为了保持现状,对一切事情都抱着"事不关己,高高挂起"的态度。他们凡事低调处理,不参与任何是非争执。这种人不容易相信别人,但还可以与他做朋友。假如能够打开他的心扉,进入他的心灵的话,也可能会与他成为知己。

和上面所说的那种人相反,还有一些人对公司很有感情,他们从来不分上下班时间,他们任何时候都愿意待在公司里工作,甚至会在公司里做一些私人的事情,好像把公司当成了家。这种人的最大特点就是把私人时间和工作时间完全混淆了,他们对这两种时间没有概念上的划分,工作起来非常刻苦。因此,一旦遇到加薪幅度不够理想或遭受老板批评这样的事情,他们就会感到委屈,并很激动地认为公司欠他太多。与这种人多接触的话,肯定会有助于你对公司有更多、更深的了解,但是,有一点必须记住——绝不效仿。

5.5 润滑人际关系的"说话技巧"

也许你一时之间还无法像专家般掌握全部的话术,但至少可以先控制好自己的语言。

下面20条计策,简单易行,至少可以帮助你在人际关系的建立中起到一定程度的润滑作用。

1.做一个真诚的倾听者

认真倾听对方的谈话,正是我们对他人的一种最高的恭维。很少有人能拒绝那种带有恭维的认真倾听。

成功的商业会谈的秘诀,即"神秘的秘诀"是什么呢?就是专心致志地倾听正在和你讲话的人,这是最为重要的。至于成功的商业交往,并没有什么神秘的,没有别的东西比"受到他人的重视"更令人开心的。

人们所具备的善于倾听的能力,好像比任何其他能力都要少。如果你希望自己成为一个善于谈话的人,首先就要做一个善于倾听别人的人。要做到这一点其实并不难,你不妨问问别人一些他们擅长回答的问题,鼓励他们开口说话,让他们说说他们自己以及他们所取得的成就。

2.谈论对方最感兴趣的话题

要想成为受人欢迎的说话高手,就要用热情和生机去应对别人。接触对方内心思想的妙方,就是和对方谈论他最感兴趣的事情。如果我们只想让别人注意自己,让别人对我们感兴趣,我们就永远也不会有许多真挚而诚恳的朋友。真正的朋友,绝不是用这种方法交来的。对别人漠不关心的人,他的一生所遇到的困难会有很多,对别人的损害也最大。很多事情的失败,都是由这类人造成的。

3.让对方感到自己很重要

假如我们是如此的自私,一心只想得到回报,那么我们就不会带给人任何快乐,不会给人任何真诚的赞美。假如我们的气度如此狭隘,那我们只会遭到应有的失败,而不会有任何成功和幸福。可是,如果我们违背这条法则,就会招致各种挫折,这条法则是:"永远尊重别人,使对方获得自重感"。每个人都有其优点,都有值得别人学习的地方。承认对方的重要性,并由衷地表达出来,就会使你得到对方的友谊。

4.说话时面带微笑

做一个真诚微笑的人。微笑会让人觉得你非常友善,别人会明白你的心意。在管理、教育和推销当中,微笑能帮你更容易获得成功,同时让你更容易培养快乐的下一代。如果你希望自己成为一位受人欢迎的说话高手的话,那么一定要记住:当你看见别人时,你一定要心情愉悦。

5.学会用友善的方式说话

如果一个人对你怀有恶感,从而对你心怀不满,与你不和,那么你用任何办法都不能使他信服于你。人们往往不愿改变他们的想法,我们也不能勉强或迫使他们与你我意见一致。但如果我们温柔友善一点,或许我们就

能引导他们和我们走向一致。温柔、友善的态度，永远比你的愤怒或暴力更强有力。如果一个人能认识到"一滴蜂蜜比一加仑胆汁能捕到更多的苍蝇"这个道理，那么他在日常言行中就会表现出温和友善的态度来。

6.赞美和欣赏他人

记住用赞美的方式开始和人谈话。天底下只有一个方法能够说服任何人去做任何事，这个方法就是激发对方的热情，让对方乐意去做那件事。请记住，除此之外没有其他方法。我们先别忙着表述自己的功绩和自己的需要。让我们先看看别人的优点，然后抛弃奉承，给人以真挚诚恳的赞美吧。如果你是发自内心地赞美别人，那么别人将把你的每一句话视为珍宝，终身不忘；即使你自己早已把自己曾经说过的话忘到九霄云外了，但别人仍然会铭记在心。

7.站在对方的立场说话

在与人会谈之前，我情愿在过道上多走两个小时，而不愿意贸然走进他的办公室——如果我对我所要说的，以及他可能会做出什么答复都没有很清晰的认识的话。为人处世之成功与否，全在于你能否以"同情之心"接收别人的观点。当你认为别人的观念、感觉与你自己的观念和感觉同等重要，并向对方表示这一点时，你和别人的交谈才会轻松愉快。如果你是个倾听者，你就要克制自己不要随便说话。如果对方是倾听者，你接受他的观点，将会使他大受鼓舞，从而使他能够与你开怀畅谈，并接受你的观点。

8.向对方表示同情

你明天将要遇见的人当中，有3/4都渴望得到同情。如果你能给他们同情，他们就会喜欢你。多替别人着想，不仅能让你不再为自己忧虑，也能使你成为受欢迎的谈话者，帮你结交到许多朋友，并获得更多的乐趣。让玫瑰经你的手，你总能沾点香。"我一点都不奇怪你有那种感受。如果我是你，我无疑也会有和你的感受一样。"听到这样的一句话，即使是脾气再固执的铁石心肠之人，也会软化下来。

9.让对方多说话

尽量让对方畅所欲言吧！对他自己的事及他自己的问题，他一定知道得比你多,所以你应向他提些问题,让他告诉你这些事。要有耐心,并以宽广的胸襟去倾听,要诚恳地鼓励对方充分地发表他的意见。让对方自己说话,不仅有利于在商业方面赢得订单,而且还有助于处理家庭当中的一些纠纷。事情就是这样——即使我们是朋友,他们也宁愿我们只谈论他们的成就,而不愿意听我们夸显自己的过去。

10.不要和别人争论

为什么非要证明一个人是错的呢?那样做难道就能使他喜欢你吗?为什么不给他留点面子呢?他并没有征求你的意见,而且也不需要你的意见。你为什么要和他争辩呢?应该永远都不要和别人正面争论。天底下只有一种能赢得争论的方法——那就是避免争论。就像避免毒蛇和地震一样避免争论。真正的推销术不是争论,哪怕是不露声色的争论,因为人们的看法并不会因为争辩而有所改变。如果你争强好胜,喜欢与别人争执,以反驳他人为乐趣,或许这样能让你赢得一时的胜利,但这种胜利却毫无意义和价值,因为你永远都得不到对方的好感。

11.永远不要指责他人的错误

无论你用什么方式指责别人,你以为他会同意你吗?绝对不会!即使你搬用所有"柏拉图式"或"康德式"的逻辑与他辩论,也改变不了他的看法,因为你伤了他的感情。如果你想要证明某件事,大可不必声张宣扬,而应讲究策略方法,不要让任何人看出来。如果你能承认"或许是我错了",那么你永远不会惹来麻烦。这样做,你不仅可以避免所有的争论,而且还能使对方和你一样的宽宏大度,承认他也难免会犯错。

12.勇敢地承认自己的错误

假如我们知道自己免不了要受责备的话,为什么不抢先一步,积极主动地认错呢?难道自己责备自己,不比别人的斥责要好受得多?要是你知道别人正要指责你的错误时,你就应该在他有机会说出来之前,化攻为守,提前把他要说的话说出来。很有可能,他就会采取宽厚谅解的态度,从而宽恕你的错误。一个有勇气承认自己错误的人,他自己也可以得到某种满足感。这不仅只是消除罪恶感和自我辩护的气氛,更有利于解决实质性问题。用

争斗的方法,你永远不会得到满足;但用让步的方法,你的收获将比你所期望的更多。

13.让对方觉得是自己的主意

我们喜欢别人关心我们的愿望、需要及想法。在天才的每一项创造和发明之中,我们都看到了他过去那些被我们排斥的想法;当这些想法再次展现在我们面前时,却显得相当伟大。一定要记住,我们明天所要接触的人,也许正像威尔逊一样,具有人性的弱点。所以,我们更应虚心地向对方请教,让对方帮你出主意,并使对方觉得那是他自己的主意。

14.委婉地提醒对方的错误

若想不惹人生气并改变他,只要换两个字,就会产生不同的效果。只要在说话时将"但是"改为"而且",就可以轻易解决了。对那些不愿接受直接批评的人,如果能间接让他们去面对自己的错误,就会收到非常神奇的效果。批评解决不了任何问题,只会引起被批评者的反抗,而你能委婉地提醒对方的错误,对方将会感激在心,并乐意按你的建议去做。

15.激发对方高尚的动机

我们每个人都是理想主义者,总喜欢听到那个说来动听的动机,从而就有了做事的动力。所以,要促使人们做某些事,就需要激起他们"高尚的动机"。

16.批评对方前先谈你自己的错误

如果批评者在谈话刚开始时就先谦逊地承认自己也不是无可指责的,然后再指出别人的错误,那么情形就会好得多。先说几句自我谦恭、称赞对方的话,具有很大的作用。即使对方还没有改正他的错误,但只要你在谈话开始时就先承认了自己的错误,就有助于帮助对方改变其行为。

17.建议而不是命令对方

建议别人,而不是强硬地命令对方,不仅能维持对方的自尊,给对方一种自重感,而且能使对方更乐于合作,而不是与你对立。先向对方提一些建议,有时能帮你接到一张订单,在你获得收获的同时,也更能激发对方的创造力。即使身为长者或上司,你也不能用粗暴的态度对你的晚辈或下属说话;否则你所得到的不是对方的合作,而是更激烈的对抗。

18.给对方留面子

让别人保住面子,而我们中却极少有人能够想到这一点。几分钟的思考、一两句体贴的话、对对方态度的宽容,对减少对别人的伤害都大有帮助。假使我们是对的,对方绝对是错的,也不要太过尖锐地批评对方,因为这样会使对方失去颜面,从而毁了对方的自尊。在世界上,一个真正伟大的人,其伟大之处正在于他不将时光浪费在个人成就的自我欣赏中。

19.送给对方一个好名声

如果你想在某方面改变一个人,就必须把他看成早就具备这一方面的杰出特质的人。莎士比亚说:"假定一种美德,如果你没有,你就必须认为你已经有了。""人要是背了恶名,不如一死了之",但给他一个好名声——看看会有什么结果。要保全别人,并给予他好名声。如果你想成为一位受人欢迎的说话高手,就请送给他人一个好名声,让他人为此而努力奋斗。

20.让别人乐意接受你的建议

如果你想让别人接受你的意见,你得先说出接受这个意见别人会从中获得什么利益,否则没有人会听你的。

第六章 >>>>

了解与反了解的"博弈心理"

当你还在苦苦冥思：

　　　　为什么自己的想法被他人看破？

为什么自己无法获悉他人的真实意图？

为什么自己会被竞争对手迷惑？

为什么自己总催不回货款？

……

　　请你记住：成功的人同时也是一个优秀的心理学家。仅仅知道对方怎么想就够了吗？不，完全不够，我们要利用自己的身体语言和心理战术影响对方的思维和心理。

6.1 对抗于无声，决胜于无形的"实战术"

　　我们要从心理层面去影响他人，我们要学会控制局面的策略，学会对抗于无声，决胜于无形，只看你是不是懂得运用……

　　冰冻三尺非一日之寒，水滴才能石穿，古人的话告诉我们任何事情都有一个循序渐进的过程,稳扎稳打才是硬道理。例如销售工作中每位销售员都渴望尽快与客户签订合同,但交易的成功却并不是一朝一夕就能实现的。每一笔订单的背后,都隐藏着销售员无数的忍耐和辛勤的耕耘。

不要急于求成,只有我们做足了工作,做到稳中求胜,客户才会向我们伸出"成交之手"。

迪亚是某超市里的销售员。有一天,超市里走进来一位喝醉酒的顾客,他的脚步有些踉跄。迪亚看到后立即迎上去问:"先生,我能帮助您吗?"

顾客摆摆手,"不用!"

迪亚退到了这位顾客的身后,开始整理货架。

突然,这位顾客大吵起来:"我找不到面包粉,怎么没人来帮我!"

迪亚赶快跑过去:"先生,请问您是需要面包粉吗?"

顾客摇晃着头:"不要不要,我要鸡蛋。"

"请您跟我来,鸡蛋在这边。"迪亚温和地说。

当他们走到摆放鸡蛋的货架前面时,顾客又发起脾气:"怎么搞的,你带我来这里做什么?没听见我想要面包粉吗?"

这位顾客显然是喝多了,有些失去了理智。他不停地吵闹着,抱怨迪亚服务不周到、不及时,不能搞清楚他到底需要什么,引得超市里其他顾客都把眼神集中到这边。

只见迪亚仍旧微笑着:"很抱歉先生,您是只打算买一包面包粉呢?还是您也想带一些鸡蛋回去?我想您的太太也许要给孩子们烤面包吧?"

醉酒的顾客点点头:"对,就是烤面包。"

"那好,您在这里挑一些鸡蛋,我到食品货架区帮您取面包粉。"超市里的其他顾客都为迪亚的耐心和周到的服务所折服,那位男顾客也不好意思再找碴儿了。

本例中,销售员用自己的耐心一步步地引导客户,既满足了客户的需求,又完成了交易。所以说"心急吃不了热豆腐",只有认真耐心地完成我们的每一项工作,发现客户的真正需求,尊重并解决客户的异议,才能实现最终目的。欲速则不达,如果销售员在工作中只是急于把产品卖出去,往往会

使客户产生厌烦和警惕心理,反而使他事与愿违。成功的交易要建立在双方自愿的基础上,销售员单方想把产品卖出去是不可能的,只有客户对销售员产生信任、对产品感到满意之后,才会真正地促成成交。那么作为销售员,要想让自己的业绩一路飙升,就要先学会稳步前进,让自己前行的每一步都留下深深的足迹。

察言观色,找准客户的需求

向苦行僧和妙龄少女推销同一款化妆品,哪一个更容易成交?答案显而易见。如果你不看准所面对的客户类型,一味地只想把产品卖出去,对一个没有购买需求的人苦口婆心地推销,只会浪费彼此的时间和精力,反而降低你的成交概率。

比如销售员,要时刻观察所面对的形形色色的客户,抓住每位客户的特点和真正需求。只有这样,我们才能准确把握客户心理,伺机刺激客户的购买欲望,同时耐心地等待客户的购买信号,顺理成章地完成交易。

一个合格的销售员,他在与客户沟通时,最能掌握察言观色的技巧,通过细心观察客户的反应,留心客户的一举一动,进而了解客户的各种需求和购买信号,并采取相应对策来增加交易成功的机会。

适当沉默,耐心地倾听客户的倾诉

有人说,“沉默是一种哲学。”适当沉默也是销售员避免急躁的一种方法。我们可以在沉默中耐心地倾听客户的谈话,体会客户的内心活动,既给客户一次畅所欲言的机会,也为自己树立一个深沉踏实的职业形象,同时在沉默中整理自己的思路。

如果客户有话要说,销售员千万不能打断他的谈话,这不仅是出于礼貌,更主要的意义在于,你可以在客户的话语中揣摩客户的真正意图。沉默不是机械地等待,销售员要认真地理解客户话里的意思,用真诚的目光注视对方,在必要的时候给予相应的回应。

大部分销售员都认为,只要拥有雄辩的口才就能征服客户,却忘了交易成功是双方互相沟通的结果。在你巧舌如簧的介绍之后,给客户一个消化吸收的过程,也给自己一个休养生息的时间,记住,成交不急于这一时。

逐步化解客户的异议

销售是一个充满变数的工作,客户常常会在你注意不到的地方挑出毛病。面对这种情况,销售员更不能急躁不安,而应该稳定自己的情绪,认真思考客户产生异议的原因,并有针对性地采取相应的解决方案,从而消除客户的顾虑,最终完成交易。

客户都有极强的自我重视心理,这种心理包含两层含义:一层是对自己的关心和保护;另一层是希望得到别人的重视。在销售中,客户关心的总是自己的利益,这就是自我重视心理的具体表现。

曾经有一位推销专家说过:"推销是一种压抑自己的意愿去满足他人欲望的工作。毕竟销售人员不是卖自己喜欢卖的产品,而是卖客户喜欢买的产品。销售人员是在为客户服务,并从中获取利益。"我们也可以从另一个角度来说,客户关心的总是自己的利益,他是因为自己的需求而去购买产品,而不是因为销售员的要求去购买的。在销售这场战役中,永远应该以客户为中心,以客户的利益为出发点。

张小姐和她的老公正在一起手挽手逛家电商场。他们刚刚结婚没多久,家里的电器基本上什么也不缺,但是,由于老公对一些新款的家电很感兴趣,所以两个人自然也成了家电商场的常客。他们走到微波炉专卖区,一位销售人员热情地迎了上来……

销售人员:"小姐,您好,看一下我们新款的微波炉吧,无辐射的!"

"无辐射的?"微波炉辐射大,这是大家都知道的,也正是因为这个原因,张小姐家里一直没有买微波炉。现在听说有无辐射的微波炉,夫妇俩的兴趣立刻被提了起来。

"是的,我们这款微波炉是采取的最新的光波技术设计,不仅无辐射,而且能自动旋转加热食物。"销售人员热情、专业地介绍着。"小姐,您平时在用微波炉时是不是能明显感觉到辐射呢?"

"是的,我妈家的微波炉辐射就很大。"张小姐回答道。

"恩,我们公司的微波炉辐射也很大。"张小姐的老公这样说道。

销售人员:"是呀,但是这款微波炉就不一样,它不但无辐射,而且采用的光波技术还减少了食物在加热的过程中的水分流失,非常适合现代家庭的需要。"

张小姐:"就怕用起来效果没你说的那么好,而且好像有点贵呀。"

销售人员:"小姐,一分价钱一分货,这款微波炉绝对物超所值……您想选个什么价位的呢?"

"我就觉得这款无辐射的比较好,但是价位还是有点高,况且也超出了我的预算。这款真的是无辐射的吗?"张小姐说道。

"是的,的确没有辐射,我来给您试一下。如果您真的特别喜欢,我也可以和经理请示一下,给您附带赠送一套微波炉专用厨具。"

"真的啊? 能让我看看是什么样的厨具吗?"

……

接下来,销售人员拿来了赠品,并为这两位客户边演示产品,边就微波炉的新功能做了更详细的介绍。半个小时之后,张小姐和老公高高兴兴地拎着微波炉走出了家电商场。

销售员让客户满意的根本,是让客户感觉到他们是在为客户谋利益,而不是为了获得客户口袋里的钱,这样才有助于消除彼此之间的隔阂。把客户的利益视为自己的利益,不但能化解很多矛盾,还能为你带来更大的效益。

了解客户的"利益点"

在客户考虑是否购买产品时,不同的客户最关心的利益点是不同的。

有的客户最关心的是价格；有的客户最关心的是服务；有的客户最关心的是兴趣、爱好；有的客户最关心的是安全。不管客户最关心的"利益点"是什么，销售员要明白的一点是：客户最关心的永远都是自己的利益。

作为一名优秀的销售员，在与客户面谈时，必须千方百计地找出客户最关心的"利益点"。只有明确这一事实，你的介绍才会有方向，才能把话说到客户的心里，从而打动客户，促使客户产生购买欲望。

给予适当优惠

心理学上认为，当人们给予别人好处后，别人心中会有负债感，并且希望能够通过同一方式或者其他方式偿还这份人情。销售员可以把它运用到销售工作中，给客户一点小优惠，当客户自己的利益得到满足后，就会毫不犹豫地接受这笔交易。

在一次大型玩具展销会上，一家玩具公司的展位非常偏僻，参观者寥寥无几。公司负责人急中生智，第二天就在展会入口处扔下了一些别致的名片，在名片的背面写着"持此名片可以在本公司展位上领取玩具一个"。结果，展位被包围得水泄不通，并且这种情况一直持续到展销会结束，众多的人气也为这家公司带来了不少生意。

这家公司之所以能取得商业上的巨大成功，原因就在于他们抓住了人们都只关心自己利益的心理，用给予客户小优惠的方式为公司带来了巨大的商业效益。

强化产品优势

只有产品能够满足客户的需求时，客户才会考虑是否购买。市场上的同类产品很多，怎样才能让客户对我们的产品情有独钟呢？这就需要销售员根据客户的需要，强化本公司产品的某方面优势。当客户说出自己的期望后，销售员就要马上将客户的理想产品要求和本公司的产品特征进行对

比,明确哪些产品特征符合客户的期望,客户的哪些要求难以实现和满足。进行了一番客观合理的对比之后,销售员就要针对能够实现的产品优势对客户进行劝说。介绍这些产品优势时必须要围绕客户的实际需求展开,要从潜意识里影响客户,让客户感到这些产品优势对自己十分重要。但是,要注意的一点是,在进行产品介绍时要实事求是,拿出沉稳、自信的态度。

"温水煮青蛙"——让他难以脱逃

"温水煮顾客"跟"温水煮青蛙"的道理是一样的。

有人做过这样一个实验,将锅里盛满凉水,然后放进去一只青蛙。青蛙在水中欢快地游啊游啊,丝毫不介意周围环境的变化。这时,把锅慢慢加热,青蛙对一点点变温的水毫无感觉。慢慢地,温水变成了热水,青蛙感到了危险,想要从水中跳出来,但为时已晚,因为它已经快被煮熟了。

青蛙之所以快被煮熟也不跳出来,并不是因为青蛙本身的迟钝。事实上,如果将一只青蛙突然扔进热水中,青蛙就会马上一跃而起,逃离危险。青蛙对眼前的危险看得一清二楚,但对还没到来的危机却置之不理。这就是"青蛙法则"。在我们的日常经营中,懂得运用这个法则,就能成功操纵顾客,让顾客在不知不觉中就掏出腰包。

当顾客选购衣服时,精明的售货员总是不怕麻烦地让顾客反复试穿。当顾客将衣服穿在身上时,他又会不断地称赞。顾客顿时笑逐言开,会很高兴地买下衣服。当然,顾客形形色色,实际销售中并非总能如此顺利。但只要把握住微笑服务,真诚与顾客沟通,揣摩顾客的心理,替顾客着想,就能打动顾客,操纵顾客。

推销时,售货员的话不用多,但要有分量,这样才能操纵顾客的购买欲。若售货员想把商品的所有优点都列举出来,说些无必要的废话,反而会引起顾客的不信任。而且怀疑和犹豫可能出现并反复发生在顾客购物的各个阶段,包括在购物以后,如果售货员针对商品其中的一个或几个优点说一些有分量的话,那么会令人信服得多。

如果部分证明商品优点的论据尚未充分利用,而是让顾客将商品买回家后再细细体验,这样做,只会改善购物行为的后效应,而不会产生任何负作用。需要强调的是,"有分量"并非是要把话说得绝对、武断,这种口气只会使得顾客产生心理上的防御反应。比如,顾客刚把话说一半就突然离去,或者不加反驳地听售货员说话,然后坚定地拒绝购买。

商业论证不仅要证实自己观点的正确,还要打消对方的疑虑。如果对顾客的不同意见不作答复,会让顾客觉得售货员故意对商品只做不完整的介绍,或有倾向性的介绍。为避免这一点,对顾客任何一种不同意见都不能置之不理。应该防止这样一种错误认识对我们的操纵,不能把顾客的不同意见当做是吹毛求疵,不信任。

相反,顾客的不同意见恰恰说明他对商品很关心,说明他很想听听你的意见。这样的顾客比那些光听不说话,或者只用一句话来回答问题的顾客好说服得多。顾客有不同的意见,只能反映出顾客的立场,暴露出他的忧虑所在。此时,耐心地解答,消除顾客的疑虑,一桩生意也就做成了。

另外,在具体的商业用语中,那些温情的话语总能吸引更多的顾客。具体有以下几个技巧:

1.避免命令式,多用请求式

命令式的语句是说话者单方面的意思,他没有征求别人的意见,就强迫别人照着那样做;而请求式的语句,则是以尊重对方的态度,请求别人去做。请求式语句可分成三种说法,肯定句:"请您稍微等一等。"疑问句:"稍微等一下可以吗?"否定疑问句:"马上就好了,您不等一下吗?"一般说来,疑问句比肯定句更能打动人心,尤其是否定疑问句,更能体现出营业员对顾客的尊重。

2.少用否定句,多用肯定句

肯定句与否定句的意义恰好相反,二者不能随便乱用。但如果运用得巧妙,肯定句可以代替否定句,而且效果更好。例如,顾客问:"这款有其他颜色的吗?"营业员回答:"没有。"这就是否定回答,顾客听了这话,一定会说:"那就不买了。"于是转身离去。如果营业员换个方式回答,顾客可能就会有不同的表现。比如营业员回答："真抱歉,这款目前只有黑色的,不过,我觉得高档产品的颜色都比较深沉,与您的气质、身份以及您的使用环境也相符,您不妨试一试。"这种肯定的回答还会使顾客对柜台所卖的其他商品产生兴趣。

3.采用先贬后褒法

比较以下两句话:"太贵了,能打折吗?"

"价钱虽然稍微高了一点,但质量很好。"

"质量虽然很好,但价钱稍微高了一点。"

这两句话除了顺序颠倒以外,字数、措辞没有丝毫的变化,却让人产生截然不同的感觉。

先看第二句,它的重点放在"价钱"高上,因此,顾客可能会产生两种感觉:

其一,这种商品尽管质量很好,但也不值那么多;

其二,这位营业员可能小看我,觉得我买不起这么贵的东西。

再分析第一句,它的重点放在"质量好"上,所以顾客就会觉得,正因为商品质量很好,所以才这么贵。

总结上面的两句话,就形成了下面的公式:

A.缺点→优点=优点

B.优点→缺点=缺点

因此,在向顾客推荐某种商品时,应该采用A公式。先提商品的缺点,然后再详细介绍商品的优点,也就是先贬后褒。此方法效果非常好。

4.言辞生动,语气委婉

请看下面三个句子:"这件衣服您穿上很好看。""这件衣服您穿上很高雅,像贵夫人一样。""这件衣服您穿上至少年轻十岁。"第一句说得很平常,第二三句比较生动、形象,顾客听了后面两句,即便知道你是在恭维她,心里也很高兴。除了语言生动以外,委婉陈词也很重要。

对一些特殊的顾客,要把忌讳的话说得很中听,让顾客觉得你是尊重和理解他的。比如对较胖的顾客,不说"胖"而说"丰满";对肤色较黑的顾客,不说"黑"而说"肤色较暗";对想买低档品的顾客,不要说"这个便宜",而要说"这个价钱比较适中"。

只要这样做,就可以"温水煮顾客",使顾客任你操纵,最终难以脱逃。

越是不好攻破的客户就越有可能成交——不要说"放弃"

如果销售员在工作中遇到一点困难就半途而废,其前面的努力白费了不说,还给竞争对手制造了机会,留下了便利。所以,任何时候都不要轻言放弃,属于我们的谁也拿不走。

约翰逊先生是美国阿拉斯加州的金矿大王。有一次,记者去采访他,当问及他的"致富的秘诀"时,约翰逊先生的回答是:"我也不清楚是什么,如果让我来说的话,我想也许就是一种运气吧!"

记者听了他的回答,先是一愣:"运气?"

看到记者的反应,约翰逊先生微笑着又补充说:"记得当时,有很多人都来到阿拉斯加寻找金矿,我也是这些淘金者中的普通一员。那是一次很偶然的机会,我像往常一样出门寻找金矿,来到了一片已经荒废的矿区。在那里,我发现了一把已经锈迹斑斑的十字镐,镐头的另一半还插在泥土中。抓住镐把,我仅仅用力地摇了几下,然后将它拔起,竟然就发现十字镐头上粘有许多的金砂,这就是我后来发现的那一片含金量极为丰富的矿藏。也就是这片矿藏,令我从一个穷光蛋变成了身价千万的富翁。"

接着,约翰逊像是总结似的又强调说:"假如那个十字镐的主人能够再稍微坚持坚持,挥动一下镐头,那么,如今的金矿大王或许就是那个人了。所以我说我致富的秘诀或许就是一种运气,不过,这种运气却是来自于一种习惯性的坚持。"

读了这个故事,大家是不是有很多感想呢?永不放弃是销售员应具备的首要心态。那把镐的主人因为几次失败而放弃继续淘金,使他不但失去了致富的机会,还给竞争对手创造了条件。因为约翰逊不放弃,他最终发现了机遇,获得了财富。

在销售过程中,销售员也要努力培养这种积极进取、永不放弃的心态和精神,并把它展现给客户,让客户信赖你、欣赏你。

看清事物的本质

失败的销售员往往是盲目的,他们不知道自己的目标是什么,也不知道用什么方法才能达到某个目标。他们只是一味地寻找失败后的下一个目标,或者承认自己的能力有限,有些成绩不该是自己的。

要知道,在这个社会上的每个人都要消费,他们都可以成为你销售的对象,当然,也可能成为别的销售员销售的对象。在某位客户没有成为别人的客户之前,我们何不努力让他完全属于自己呢?

每做一件事,都不要轻易放弃。没有尝试过,就一定不要说自己不行。不管是已经从事销售多年者,还是刚刚踏入销售的门槛者,我们都不能轻易放弃任何一个客户。要时刻告诉自己:拿破仑也曾打过败仗,更何况我呢?我有能力开发市场,有能力留住优质客户。

把欲望作为成功的动力

有目标才会有方向,有欲望才会有动力。想要获得销售的成功,销售员就要把这种成功的欲望化作前进的动力,激发自己的潜能,努力为实现目标而奋斗。

不断地强化自己内心的梦想,不被外界的舆论干扰,不让自己的不足束缚前行的脚步,知道自己现在要做什么,相信你会成功的。

把销售当做一种习惯

恒心和毅力是每个销售员必备的心理素质,而能把销售当做一种习惯,是培养销售员恒心和毅力的最佳方法。大多数销售员的失败都是因为他们做事不能持之以恒造成的。即使你的能力很强,即使你极具销售的天赋,如果你没有恒心和毅力,也会缺少支撑心理动力的杠杆。把销售当做一种习惯,我们才会慢慢从销售工作中体会快乐,产生归属感,也才能在日积月累的习惯中获得更多的经验和客户资源。要做到把销售当做一种习惯,需要注意:

平时积累。"书到用时方恨少",只有平时多积累,为日后全面的分析做好充分的准备,才能在突发情况下轻松应对,减少中途放弃的概率。另外要储备大量的客户资源,只要是有我们销售产品需求的人,就努力把他争取为我们的准客户。

善于思考。"学而不思则罔",有头脑才会有策略,有所作为才会有进步。销售不是蛮干。当大家销售的是同样的产品,面对的是同样的客户时,讲究方法和策略才会略胜一筹。

对待挫折要乐观

销售是一项极具挑战性的工作。销售员除了要具备专业知识和技能外,还要拥有良好的心理素质。当发现自己在工作中有负面心理问题时,要立即调整。尤其是在挫折与困难面前,销售员更要管理好自己的情绪,避免冲动和浮躁,要注意积蓄热情和力量,积极乐观地迎接挑战。销售是销售员与客户之间一场心与心的博弈,销售员只有具备强大的心理后盾,才能披荆斩棘,战胜销售过程中的一切艰难险阻。

1981年,年仅26岁的美国青年弗莱克爬上纽约的帝国大厦顶层,然后纵身一跃坠地身亡。6年前,年仅20岁的弗莱克因为家境贫寒,父母无力供他继续上学,不得不从新墨西哥大学退学来纽约创业。他先在一家商场打工,然后当上了商场主管。他立志要打造一家纽约最大的百货商场,让父母过上好日子。6年后,他真的创建了纽约最大的"弗莱克百货商场"。他曾经被媒体报道为最有潜力的年轻富翁。就在人们还在津津乐道地谈论并美慕着成功后的弗莱克的时候,一场前所未有的金融风暴席卷美国。弗莱克的公司不得不被迫接受破产。谁也没有想到，弗莱克会选择以跳楼的方式来结束自己的生命。

无独有偶，一个与弗莱克同龄的年轻人乔布斯，他从小成为孤儿，缺乏关怀和教养，性情如野马般暴躁，经常在学校打架闹事，以至于被所在的大学"劝退"。1975年，退学后的乔布斯在自己20岁生日那天，几乎跟弗莱克同时来到纽约创业，只不过他瞄准的不是商场，而是电脑。也是6年后，乔布斯成为苹果电脑公司的首席执行官，个人资产达到了数千万美元，虽然比不上弗莱克，但也是一位名副其实的富翁。

与弗莱克有着同样命运的乔布斯也遭到了那场金融风暴的袭击，比弗莱克还糟糕的是，乔布斯还在这个关键时刻做出了错误决策。结果，乔布斯不但破产了，还被苹果公司扫地出门。但是，流落街头的乔布斯没有像弗莱克那样爬上帝国大厦的顶层去跳楼，而是躲在天桥底下一边啃着冷硬的面包，喝着自来水，一边想着如何让苹果公司起死回生。经过一年的时间，乔布斯终于被苹果公司重新聘请为首席执行官，从此走上了一条光芒四射的人生之路。谁也不曾想到，这个曾经的孤儿、大学退学学生乔布斯，会成为新经济时代美国《时代》杂志封面的常客，这对全美和全世界的青年都是一种鼓舞。

乔布斯对他和弗莱克的命运是这样说的："一个人，如果能够从挫折中站起来，那么就能将经历变成财富。如果在挫折中站不起来，那么挫折的经历就是一场灾难。选择灾难还是财富，完全取决于你面对挫折的态度。"

乔布斯与弗莱克胜败的关键，就在于两人面对挫折时的态度。相同的开始却是不同的结局，个中原因的确值得我们借鉴与深思。

销售员自身的心理障碍常常会影响他与客户沟通的效果。挫折并不可怕，关键是要有勇气走出来，以一份坦然的心态去面对挫折。所以销售员要寻找方法提高自己的抗挫折能力，在挫折来临之前做好准备，在挫折中越挫越勇。以下三种抗挫折方法，值得借鉴。

1.乐观的心态是前提

"飞黄腾达"时便赞美命运的公平，"连连受挫"时就咒骂命运的不公，这不是一个销售员该有的生活和工作态度。作为一名销售员,应该清楚地知道,命运不是由上天操纵的,它时刻掌握在自己的手中。在销售的道路上,我们必须要有乐观的心态、饱满的精神,遇到困难不低头,遇到挫折不气馁。既然我们选择了销售这一行业,就要用自己的全部力量干出成绩,让自己的工作变得有意义。

2.毅力是突破心理障碍的武器

除了积极乐观的心态以外,毅力也是销售员突破受挫心理障碍的有效武器。如果一个销售员没有坚强的毅力,那么即使是一张很小的单子,他也难以完成。毅力不仅仅是默默的耕耘,作为销售员,更要让客户感受到你的努力,并使客户因此欣赏你、信任你。

世上无难事,只怕有心人。毅力是销售职业生涯中的一叶扁舟,只有懂得驾驭者才能顺利到达成功的彼岸。

3.自立自强是生存的法则

尽快从失败的阴影中走出来,尽快摆脱挫折所带来的烦恼。亲人、好友的帮助固然重要,但关键还要靠自己来化解自己的心理问题。如果有个人能够依赖,那是你的福分,若没有,那就要靠自己。要想在激烈的市场竞争中站稳脚跟,自强自立是最佳的生存法则,是每个销售员应有的心态。在销售的道路上,相信自己比任何人都可靠。

6.2 以情感人的"示弱术"

人们总是要求得到别人真挚的感情,也要求自己的感情能有真诚的接受者。那么,在商战中到底应如何发挥"以情感人"的心理作用呢?

人们以礼相待,目的是为了缩短交流双方之间的认识距离,增进相互理解,达成共识。而认识距离的缩短,又和情感之间的差异有关。和客户拉近心理感情,就意味着你离成功不远了。

在自信的前提下，可以"适当示弱"

拥有积极心态，才会做出更大的成绩。积极的心态来源于你的信心。销售人员只有对自己充满信心，对自己所在公司和所销售的产品信心十足，才会在销售工作中积极地争取、执着地奋斗、勇敢地面对，充满无尽的激情和动力，这就是信心的力量。作为销售员克服自信心不足的心理弱点，提高自身的心理素质，增加前进的动力，以积极的姿态面对工作，面对客户，并努力争取成功。

当你和客户会谈时，言谈举止中流露出的充分的自信，则会赢得客户的信任，而信任，是促成客户购买你的商品的关键因素。在导致一个销售人员失败的各种因素中，其罪魁祸首就是"销售员先对自己失去了信心，认为自己无法将商品售出"。"销售人员与运动员一样，也应毫不气馁地工作。一个人的思想对自己的行动有很大影响。"不要对自己失去信心，即使真的没成功，也不要失望，因为这也在情理之中。

自信可以为你的商品增色许多。对客户，你的自信比你的商品本身还要重要。有了它，你就不愁"反败为胜"了。自信的销售人员在面对失败时仍然会面带微笑："没关系，下次再来。"他们在失败面前仍会很轻松，从而能够客观地反省失败的销售过程，找出失败的真正原因，为重新赢得客户的青睐而创造机会。

由此可见，销售人员必须表现出自信。客户通常较喜欢与才能出众者交手。他们不希望与毫无自信的销售人员打交道，因为他们也希望在别人面前自我表现一番。再者，他们怎么会愿意和一个对自己的推销能力及商品都缺乏信心的人洽谈生意，并购买他的商品呢？

"我一定能成为公司的第一名"——对销售人员，这样的誓言是事业上一个有力的起点。拥有必胜的信念，对销售人员来说，相当重要。

世界上最伟大的销售员乔·吉拉德，早年由于事业失败，负债累累，更糟糕的是，家里一点食物也没有，更别提供养家人了。

他拜访了底特律一家汽车经销商,要求得到一份销售的工作。经理见吉拉德貌不惊人,并没打算留下他。

乔·吉拉德说:"经理先生,假如你不雇用我,你将犯下一生中最大的错误。我不要有暖气的房间,我只要一张桌子,一部电话,两个月内我将打破你最佳销售人员的纪录,就这么约定。"

经过艰苦的努力,在两个月内,吉拉德真正做到了,他打破了该公司销售业绩纪录。

对销售人员来讲,"信念"是一个必须强调的名词。本来,在推销界就非常看重信念与意志。而销售人员当中的绝大部分人,他们都担负着从未有过的很高的工作定额,以至于他们不得不把全部精力投入到紧张的销售活动中去。因为只有销售员在销售领域获胜,才会给企业带来繁荣。随着经济萧条和商品销售竞争的逐步激烈化,在推销界,有越来越多的人认识到信念的重要性。就销售人员的信念来说,最主要的一点就是"对销售的强烈追求"而形成的信念。

每年都要确定自己的目标,以达到这个目标,并以突破这个目标而努力奋斗。这样一来,销售人员的工作定额就成为必须完成的任务了,从而使他们产生一种强烈的销售欲望:无论如何要达到目的。这样,就促使他们每天都要督促自己,鞭策自己,而且,每天都要检查工作定额的完成情况,并与前一天的数字相比较。为了弥补其间的差额,销售人员还要反复推敲自己预先制订好的销售方案,一旦确定下更好的方案,就会立刻付诸行动。在工作定额完成之后,紧接着就是每天检查定额突破后销售数据的增长率。若是与前一年相比增长率下降的话,就要反复思考,究竟怎样才能提高增长率?积极动脑筋研究新方法,随即依此开展行动。

如此这般,每天都保持旺盛的销售欲望,就是"信念培养法"。这样去开展销售的话,肯定会自然而然地产生一种强烈欲望——我要去工作。这种内心萌发的对工作的渴望,正是信念的奇妙效用。

为了做到这一点,就必须实行自我限制,从而把自己培养成为一个具有奋斗精神和进取心的优秀销售人员。

每个公司都欣赏那种具有"拼命夺取胜利"性格的销售人员。作为销售人员,我们就必须对工作全力以赴,不能有丝毫懈怠。记住,虽然惰性与挫折难以避免,但轻易放弃却是可耻的,不能让业务工作中的困难和障碍消磨掉你的斗志和决心。一旦放弃或是对工作敷衍,那么对一个销售人员来讲就是失职的。

无论你在任何时候,不管遇到任何事情,都要保持积极必胜的信念。因为唯有积极必胜的信念,才能支持你走过漫长的销售生涯,直至最后取得成功。

自信是积极向上的产物,也是一种积极向上的力量。自信是销售人员所必须具备的,也是他们最不可缺少的一种气质。那么如何才能表现出你的自信呢?

(1)你必须衣着整齐,昂首挺胸,笑容可掬,礼貌周到,对任何人都亲切有礼,细心应付。

这样,就容易使客户对你产生好感。如此,你的自信也必然会自然而然地流露于外表。

(2)面对客户的无礼拒绝,销售人员更要坚定信心。

销售人员经常是非常热情地敲开客户家的门,却遭到客户的冷言冷语,甚至无理侮辱。这时,你一定要沉住气,千万不要流露出"不满"的言行。要知道,客户与你接触时,他并不会在意自己的言行是否得体,反而总是在意你的言谈举止。一旦客户发现你信心不足甚至丑态百出,那么他对你的商品就更不会有什么好感了。即使他认为你的商品质地优良,也会得寸进尺,见你急于出手,便乘机使劲压价。客户之所以这样做,就是见你失去了自信。

(3)要对自信善加把握。

自信既是销售人员必备的气质和态度,也可说是能倍增销售额的一个妙方,同时,我们还要注意把握好自信的分寸,自信不足便显得怯懦,自信过分又显得骄傲。

你的自信会帮助你享受推销的过程,你就更不会讨厌推销了。想一想就会明白,不自信的销售人员一定会把推销当做是"遭罪",是到处求人的,令人厌烦的工作。然而自信却能使你把推销当做愉快的生活本身,让你既不烦躁,也不会厌恶,这是因为你会在自信的推销中对自己更加满意,更加欣赏自己。如果你对自己和自己的商品充满了自信,那你自然就会拥有一股不达目的誓不罢休的气势。

适当"示弱"拉近客户距离

适当"示弱",在某种意义上说也是为人处世的一种姿态。如今的很多人都爱表现出"强者风范",但往往被碰得头破血流;而会适当示弱的人,则更容易被人接受。所以,不管做人还是做事,如果你能适时地示弱,那么你才可能成为赢家。世上没有风平浪静的海,人生的道路也不可能永远一帆风顺。我们每个人都会遇到困难和挫折,既然避免不了那些困难和挫折,那就不要太在意,总是放在心上。有时候,既然不能硬碰硬,何不学会主动示弱,学会淡然处世呢?

某地有一座砖瓦窑,窑主规定每个窑工每个月必须制成10000片瓦坯,完不成的只能拿一半的工钱,超过10000片按数量计发奖金。

最近,窑主新招了一个工匠小陆。小陆上窑厂操作了两天,每天制瓦坯600片,且质量上乘。老板非常高兴,表扬了他。小陆就得意地说:"每天800片我都没问题,这奖金我拿定了。"

收工时,小陆感觉到一道道恼恨的目光向他射来。当他到食堂吃饭的时候,他的碗筷又被别人扔在一旁。这一下,小陆知道自己遭到了大多数工友的妒忌。

第三天,小陆有意放慢了速度,制瓦坯的数量和一般工人接近。老板再来检查时,小陆恳切地说:"老板啊,我们在砖窑干活又脏又累,做了9999片瓦坯还只能拿一半工资,有点不合理……"老板考虑了一下,觉得他说的也有道理,就取消了这项工资制度。

小陆还积极接近工友们,教他们提高功效的方法,使大家都能达到定额。此后，工友们都不再妒忌他，还佩服、尊敬他。

小陆曾因锋芒毕露得罪了工友，之后他又及时调整自己，不再突出自己，而是关心大家的利益，提出建议并帮助工友提高功效，最后使老板满意，工友高兴，自己也获得了尊敬。

其实，大多数人都具有一种妒忌的心理，而你的适当示弱能使处境不如你的人保持心态平衡，也有利于你的人际交往。毕竟，一个人在这方面突出，那么在另一方面就难免有弱点。所以在社交中，就不妨选择自己"弱"的一面，以削弱自己过于咄咄逼人的成绩，让别人放松警惕。

曾有一位记者去拜访一位企业家，目的是要获得有关这位企业家的一些负面资料。然而，还来不及寒暄，这位企业家就对想质问他的记者说："时间还早得很，我们可以慢慢谈。"记者对企业家这种从容不迫的态度大感意外。

不多时，秘书将咖啡端上桌来。这位企业家端起咖啡喝了一口，立即大嚷道："哦！好烫！"咖啡杯随之滚落在地。等秘书收拾好后，企业家又把香烟倒着插入嘴中，从过滤嘴处点火。这时记者赶忙提醒："先生，你将香烟拿倒了。"企业家听到这话之后，慌忙将香烟拿正，不料却又将烟灰缸碰翻在地。

在商场中趾高气扬的企业家出了一连串的洋相，使记者大感意外。不知不觉中，记者原来的那种挑战情绪完全消失了，甚至对对方产生了一种同情。这就是企业家想要得到的效果。

这整个的过程，其实是企业家一手安排的。因为在通常情况下，当人们发现杰出的权威人物也有许多弱点时，他们过去对那些权威人物抱有的恐惧感就会消失，而且由于同情心的驱使，还会对对方产生某种程度的亲切感。

在人际交往中，要使别人对你放松警惕，产生亲近之感，你就要做到很巧妙地、不露痕迹地在他人面前暴露某些无关痛痒的缺点，出点小洋相，表明自己并不是一个高高在上、十全十美的人，这样就会使对方在与你交往时松一口气，不再与你为敌。

从这里我们可以看出,主动示弱也是一种生存策略。在当今竞争激烈的环境下,锋芒毕露的人总会成为"众矢之的"而被大家孤立或抛弃,最终不能得到胜利。而隐藏自己的实力,消除大家的防备之心,在适当的时候再发动"出其不意"的打击,一举赢得竞争的胜利,才是最能适应当今社会的生存法则。

在弱肉强食的动物界里,有些动物也善于示弱,它们在猎物面前隐藏实力,借机靠近猎物,从而找到机会,迅速捕获猎物。

在广袤的草原上,转角牛羚和瞪羚正在寻觅着营养丰富的嫩草,一只鬣狗悄悄地走了过来。如果是其他外表威猛的狮子和猎豹,这些食草动物们早已吓得四处逃跑了,但鬣狗其貌不扬的样子实在难以引起它们的重视和注意。更让它们不屑的是,这只鬣狗低着脑袋,夹着尾巴,紧缩着身体,步履缓慢,摆出一副可怜兮兮、任人摆布的样子。

这些身体健壮、奔跑跳跃力出色的牛羚和瞪羚根本没把鬣狗放在眼里,任由鬣狗在它们身边走来走去。突然,这只鬣狗面露狰狞之色,一个加速跳起,咬住了一头牛羚的后腿。强壮的牛羚不甘心束手就擒,拼命挣扎,但鬣狗强有力的脖颈支撑着,使它的嘴具有像老虎钳一样的咬合力。不一会儿,这头牛羚就奄奄一息,最后成了鬣狗的美餐。几天后,这只鬣狗又故伎重施,成功捕获了一头瞪羚。

鬣狗的故事告诉我们,有时候,过分地逞强,过分地表现实力,只会成为己方的障碍,增加自己成功的难度;而反其道行之,隐藏自己的实力,适当地示弱,当无限接近成功的时候再一举取得胜利,则是当今社会的一种生存智慧。主动示强,未必能笑到最后;淡然处世,也许走得更远。

海滩上的蓝甲蟹分为两种:一种是较为凶猛的,跟谁都敢开战;另一种是比较温和的,遇到敌人,便翻过身子,四脚朝天,任你怎么踩它,它都一动不动,一味地装死。经过了千百年的演变,出现了一种有趣的现象,强悍凶猛的蓝甲蟹越来越少,成为濒危动物;而喜欢示弱的蓝甲蟹,反而繁衍昌盛,遍布世界许多海滩。动物学家研究发现,强悍的蓝甲蟹之所以越来越少,一是因为它们好斗,在互相残杀中首先灭绝了一半;其次是它们故作强

悍而不知躲避，被天敌吃掉一半。而会示弱装死的蓝甲蟹，则因为善于保护自己而扩大了自身。

人的一生谁能够恒强？谁能够永远一帆风顺？在强的时候适当"示弱"固然是一种策略，可是在"弱"的时候，不妨也诚实一点，表达你需要帮助的诚意，从而接受别人的帮助，走出困境。

6.3 化解消极情绪的"隐忍术"

对销售人员而言，你的坏脾气偶尔会被看成是"魄力"与"决断"的代名词。但是如果不加控制地乱发脾气的话，不仅会使你心中的怒火难以化解，还会使事情的局面恶化，严重者则会使群体遭殃。同时，相互之间的推诿、争论、猜疑和不信任就会相继而来，这样无形之中就会产生一种不和谐的气氛，一旦这样的不良气氛肆意蔓延，就会给许多销售人员罩上不利的"晦气"，销售的现实利益和潜在利益都会成为你的坏脾气的"陪葬品"。

很多销售人员总把自己比喻成是"风箱中的老鼠"，挣的钱不多，受的气不少，更多的时候是两头受气。

在公司被经理骂，是因为自己没有完全执行公司的政策。于是很多销售人员选择了悄悄地抱怨："按照你们的官僚政策做，把客户都搞死了。"或者抱怨："也不看看是什么货，卖这么高的价，怎么可能完成任务。所谓的任务纯粹是扯淡，还不是为了让我们拿不到提成。"可是要知道，这些抱怨都无法解决问题，只能增加自己的消极情绪。

有时在客户那里，销售人员还会被客户骂："你怎么又来了？也不解决问题，上次坏的货还没换回来，人来也没有用呀。我和你做已经是'打肿脸充胖子'了，只能销你这么多货，别逼我了，否则……"那么，作为销售人员，怎样才能扮演好自己的角色，做好自己的工作呢？唯一的答案就是你要脾气好。

如果销售人员身上有不良的脾气，那么他就会葬送自己的事业和前程。因为顾客不是你的下属，不可能一味地对你忍让顺从或者无条件地服从你，顾客不会主动配合给你戴上几顶永远"正确"的帽子，更不会包容你的坏脾气。

"好脾气"可以创造出更好的业绩，这是许多从事销售工作人员的经验之谈。所谓"好脾气"，就是指与客户洽谈时能够适当地控制自己的情绪，不急不躁，自始至终一直以一种平和的语气与客户交谈，即使遭受客户的羞辱也不以激烈的言辞予以还击，反而能报之以微笑。这种"你生气来我微笑"的工作态度，往往能够打动客户，从而改变其固有的想法，最终达成交易。

反之，坏脾气的销售人员最终只能失去自己的客户，所以应警惕坏脾气的影响。若想消除这些坏脾气，作为销售新人，必须调整好自己的心理状态，做到临危不乱，处变不惊，时刻冷静地面对一切。

至于如何消除焦虑情绪，英国一家公司经理的做法值得销售新人学习和借鉴。这位经理在做销售人员的时候，总是不能摆正心态，踏踏实实地工作。他想早日出人头地，但现实与理想之间的差距太大了。于是他准备辞职，然后找一份适合自己的工作。

在写辞职信之前，他为了发泄心中的怒气，就在纸上写下了对公司中每个领导的意见，然后拿给他的老朋友看。

然而，老朋友并没有站在他的立场上和他一同抨击那些领导的一些错误做法和指导思想，而是让他把公司领导的一些优点写下来，以此改变对领导的看法。同时，还让他把那些成功销售人员的优点写在本子上，让他以此为目标，奋力拼搏。

在朋友的开导下，他心中的怒火渐渐平息了，并决定继续留在公司里，还发誓努力学习别人的长处来弥补自己的不足，做出点成绩让他人看看。

从此，这位销售人员学会了一种发泄怒气的方法，凡是忍不住的时候，他就把心中的愤恨写下来，再抽空读一读，这样心中就平静多了。

要想做一个成功的人，需控制以下几种情绪：

（1）乱发脾气

比如，做销售工作，被拒绝是家常便饭，这时不应乱发脾气，而应时刻保持一颗冷静的心。有些销售新人在愤怒情绪的支配下，往往不顾别人的尊严，以尖酸刻薄的言辞予以还击，使对方的尊严受到伤害。实际上，虽然这样能使你心中的怨气得以发泄，但到头来吃亏的还是你自己。

（2）猜疑

猜疑是人生中的腐蚀剂，如果销售员与客户发生误会，交易就难以取得成功。作为销售人员，一定要与客户保持畅通的交流，否则就会因为猜疑而失去客户。

（3）妒忌

妒忌对一个人的身心健康是极为不利的。对销售人员而言，如果看到其他同事取得良好的业绩就妒忌、诅咒甚至诋毁，看到同事遭遇挫折就幸灾乐祸，那么你根本不可能得到同事的帮助，在销售工作中也难以打开局面。

（4）恐惧

一次失败的经历或尴尬的遭遇都可能使人变得恐惧，特别是初出茅庐的人。比如，一名销售新人首次拜访客户就遭到拒绝，那么当他下一次拜访客户之前，心里难免会有一些恐惧的阴影。造成恐惧的原因大多是因销售新人缺乏自信。要想克服这一弱点，销售新人必须苦练推销技巧，练就过硬的心理素质，敢于去登门造访。

（5）焦虑

产生焦虑情绪而不想方设法加以控制和克服会出大问题。作为销售人员，你就会在客户面前失去自信。这样一来，客户就很难相信你所推销的产品。

（6）自珍情结

坏脾气的人通常会为自己定格："我这人就是脾气急了一点，但是心肠比较好，为人正直，而且是个性情中人。"这样的人通常有自珍情结，他们会把自己在某一环境下的坏脾气变成习惯，在不经意之间便奉为信条，这样一来,坏脾气就成了他们的不良性格。

其实在生活当中,无论是顶尖级销售人员,还是销售新人,谁都会有发怒的时候,谁都不会永远好脾气下去。但是,少发怒和不随便发怒却是人人都做得到的。要想制怒,必须标本兼治。要想治本,就需要加强个人修养,包括提高个人文化素养和道德情操,拓宽心理容量,不为区区小事斤斤计较。

告诉自己"忍一时风平浪静"

俗话说:"忍字头上一把刀,忍得过来是英豪。"更有"小不忍则乱大谋"来时常提醒人们。忍耐是销售员自我心理修炼中极其重要的一项。对客户的任何态度,销售员都要学会忍耐,面对客户的异议要忍耐,面对客户的指责与投诉同样要忍耐。一个成功的销售员总要比平常人更有耐心。

库诺是个脾气古怪的老头,动不动就对别人吹胡子瞪眼睛。一周前他从泰勒这里买了一幅中国绣品,今天突然跑过来要求退货。

库诺:"我怀疑你卖给我的中国刺绣不是真品。为什么阳光一照它就会散发出让人难以忍受的刺鼻气味?小姐,我买它是来装饰的,但它现在起到的作用就是破坏,我不要了,你给我退货。"

泰勒:"亲爱的库诺先生,您不要着急,慢慢告诉我好吗?"

库诺:"慢慢告诉你,我根本就不想跟你说话,你快点给我退货。"

泰勒:"您要求退货,我会按照您的意思办的。那您现在可以告诉我具体的情况了吗?"

库诺:"我真是不知道自己怎么会上了你的当,这幅刺绣看起来是多么美,但挂在客厅里却散发出那么难闻的气味,我怀疑它是和腐肉一起运到美国来的,是吗?"

泰勒:"原来是这样,真的很抱歉,库诺先生,我保证帮您退货,而且我会加倍补偿您,我帮您紧急订做一幅新的壁挂好吗?"

库诺:"还想糊弄我的钱吗?"

泰勒:"请您放心,是免费的,作为补偿。"

这番话让坏脾气的库诺先生的气消了不少。两天后，泰勒将新做好的绣品送到库诺先生的家中，一进门，泰勒就闻到一股刺鼻的腐肉味儿。原来库诺先生的夫人在一年前去世，这突然的打击让他的脾气大变，把骂人当成一种发泄的手段。他的家中因长久不收拾，杂乱不堪，到处堆满生活垃圾。泰勒见状，争取了库诺先生的同意，开始为他的房子做彻底清扫，结果在沙发下面发现了一只死去很久的老鼠，散发着令人作呕的臭气。库诺先生说的刺鼻气味正是来源于这只老鼠。

当泰勒把一个干净整洁的房子交还给库诺先生的时候，怪脾气的老头感动得落了泪。

做过销售的人都知道，我们在工作中会遇到各种性格的客户，也会遇到各种各样的麻烦。客户高兴，我们也跟着高兴，客户发火，我们却不能发火，仍要想办法让对方快乐。"忍"是对他人的尊重，也是对自我内心的一种约束和控制。不懂得"忍"，只会让销售员的工作半途而废，导致业绩不如人。懂得"忍"的人，其心理豁达、目光长远、自控力强，走得也更远。学会了"忍"，你就掌握了必胜的心理技能和心理素质。

体谅客户的要求

作为销售员，与客户打交道，经常会遇到一些不公平的事情。有些客户不想买你的产品就算了，还偏偏要说一些刺耳难听的话；有些客户明明对产品已经非常满意了，可是还要鸡蛋里挑骨头；有些客户已经把价钱压到了最低点，还非要让销售员赠他这个或那个；和客户约好时间见面，你准时到达，可客户临时有事或者正在开会……

想必每个从事过销售行业的人都遇见过以上的不公，在面对这些情况时，销售员又该怎么办呢？我们只有从心理上宽慰自己：每个人都会有点难处，在客户的要求或欲望合乎情理的情况下，我们不妨体谅一下客户，尽量满足其要求。作为销售员，只有把注意力集中到自己的工作目标上，才会淡化这些不愉快，避免与客户的斤斤计较和无谓争论。长此以往，你不仅能获得客户的好感,进而留住客户,更能体现自身的高素质。

用幽默修饰忍让

不管是客户的有意刁难还是无意之言,作为销售员,如果你过于较真,只会让彼此陷入更加糟糕的境地。大度的诙谐比横眉冷对更有助于解决问题,我们不妨一笑了之,以幽默的方式做出让步。

通常来说,机智诙谐、妙趣横生的语言总能引人入胜。在你不得不忍耐客户的刁难时,恰当地幽默一下,往往可以化解客户的负面情绪,甚至使事情出现转机。一个优秀的销售高手,一定要能运用幽默的艺术来化解与客户之间的矛盾。

制造悬念、刻意渲染、出现反转、产生突变,这是形成幽默意境的四个基本环节;

幽默的取材要高雅、清新,切忌表达粗俗下流;

幽默要注意场合,要了解对方的性格特点和生活品位,要注意与环境相适应;

说话时要特别注意声调与态度的和谐;

忍让的幽默不是哗众取宠,要有原则,有底线。

6.4　不卑不亢的"谈判术"

不管你从事商业经营也好,还是你已进入了职场,一个人的完整人生都是由一场又一场的博弈组成的,每场博弈都包括博弈各方、博弈各方可以采取的行动、博弈各方可能得到的好处等,而你我都在争取博弈的最大好处。

商业竞争、政治选举、职场生存、婚姻经营、朋友相处,都如同对弈,常常是相当人格化的竞争。一方的行为对对手的影响很大,一方的利益,又受到对手行为的很大牵制。这种面临不确定性的决策,固然需要斗智斗勇,但其中也有规律可循。"博弈论"便是讨论利益关联的各方如何决策制胜的学问的。

想要开窗户,先要求把屋顶拆掉

有很多生意谈判之所以没有成功,并不是因为双方谈得不好,也不是因为某方执行不到位,而是由于某个执行的人没有选择适当的时机。

不要不合时宜地谈判,而要选择最好的谈判时机。这对CIA特工来说是最讲究的。

事实也是如此。时机选择恰当,在谈判中比其他任何因素都更为重要,它在整个谈判过程中都发生作用:

应该何时与对方谈判?

在什么时候向对方提出这个要求最为合适?

在这个阶段能不能向对方施加压力?

谈判到现在可以结束了吗?

谈判的每一进程都要在良好的时机下步步为营。时机把握不准,你可能还没开始与对方谈判就已遭到失败。也许本来你很快就可以与对方达成协议了,但因为你没有把握住时机,你不得不再继续同对方讨价还价,由此你的利益就会受到损失。所以,不同的时机有可能帮助你赢得生意,也可能把你整个生意搞得很糟,一切就看你如何把握了。

在谈判过程中,你可以控制时机,你还可以从对方那里得到行动的提示。显然,要达到这个目的,你应该做的是倾听而非说话,不仅要真正听到对方告诉你的话,还要善于理解那些话的深层含义。只要你的问题提得恰当,就可以获得许多有关时机选择的线索。

在谈判过程中选择适当的时机并不是一件容易的事。其实,每天都会有许多意想不到的时机出现在你面前,你并不一定要成为能预知这些时机的先知者,但你却必须敏感地对这些时机的重要性做出及时的反应,引导事情朝着对你有利的方向发展。

那么,应该如何利用谈判的最好时机来做事呢?

1.利用别人愉快的时机

延长、续订或重新签订合同,千万不要在这份合同即将到期的时候才去做。就如同要与对方达成于己优惠的交易,要趁对方高兴时一样,你应该选择对方愉快时去延长或者续订合同。如果对方得到某个好消息,即使它与你无关,你这时去向对方提要求,大多也会畅通无阻。

2.利用别人倒霉的时机

别人倒霉或不幸的时机,能为你创造各种各样的机会。正如你应该趁当事人最愉快的时候去续订合同一样,你应该在潜在客户对你的竞争对手最感不满时抓紧时机跟客户达成一份合同。

3.利用交易对象刚上任或快下台的时机

刚上任的人急于干些事,使自己出名,而他通常又被赋予充分的行动自由;即将离任的人,因为自己将不再为这样或那样一些头痛的事四方奔走,也不再斤斤计较。

4.选择非常的时机

在非上班时间、深夜或周末期间打电话,往往会有较大的效果。你一定要这样开头:"这件事太重要了,我要在周末告诉你。"

5.花时间去缓和威胁

选择时机是缓和对方情绪的最好办法。我们可能会迫使对方做出答复,而又做得不那么使人感觉无奈。

6.利用忙人的注意力

比较繁忙的人,他的注意力不会长时间地停留在某个问题上。所以,你必须直来直去,把更多的时间留给对方说,否则你只会引起对方的抵触或让对方心不在焉。

此外,还要对事情的轻重缓急有一个清楚的认识。如果你讨论的问题很多,或者你要使对方接受的项目很多,那就一定要为最重要的问题留下

充分的谈判时间。千万不要把自己搞到"我能再占用几分钟吗"的境地。

有了好时机,却不会充分利用,仍然说明你是个外行。

谈判时切勿带情绪

把情绪带到谈判桌上是非常愚蠢的行为。一旦你把情绪带到谈判桌上,你往往就会表现出愤怒,进而就会把事情搞砸。

传说中,亚伯拉罕的谈判对手是上帝。这样的对手够强大了吧?但亚伯拉罕并没有因为对手的强大而放弃争辩,相反,他最终还争取到了对自己最有利的条件。

1809年1月,拿破仑从西班牙战事中抽出身来匆忙赶回巴黎。他的间谍证实,外交大臣塔里兰密谋反对他。一抵达巴黎,他就立刻召集所有大臣开会。他坐立不安,含沙射影地点明塔里兰的密谋,但塔里兰却没有丝毫反应。

这时候,拿破仑已经无法控制自己的情绪了,他忽然逼近塔里兰说:"有些大臣希望我死掉!"但塔里兰依然不动声色,只是满脸疑惑地看着他。拿破仑终于忍无可忍了。他对着塔里兰喊道:"我赏赐你无数的财富,你竟然如此伤害我。你这个忘恩负义的东西,你什么都不是,只不过是穿着丝袜的一团狗屎。"说完,拿破仑转身离去。

其他大臣面面相觑,他们从来没有见过拿破仑如此失态。

塔里兰依然一副泰然自若的样子,他慢慢地站起来,转过身对其他大臣说:"真遗憾,各位绅士,如此伟大的人物竟然这样没礼貌。"

皇帝的失态和塔里兰的镇静自然在人们中间传播开来,拿破仑的威望降低了。

伟大的皇帝在压力下失去了冷静,人们感觉到他开始走下坡路了。如同塔里兰事后预言的那样:"这是结束的开端。"

故事中的拿破仑因为自己的一次失态而失信于民,也失去了谈话的主动权,从中可见:言语最容易传达人的情绪。而谈判是以言语为工具的,若把愤怒情绪带到谈判桌上成为一种经常性的行为。这一行为带来的结果只有一个,那就是使谈判破裂。

因此,易感情用事者不宜谈判。一是他的情绪混乱会延缓谈判的进程,二是他的坏情绪会导致谈判失败。更可怕的是,感情用事者往往容易被对方利用。

商业谈判时,一定要用理智来控制感情。很多谈判都直接和你的经济利益挂钩,不要因为贪图一时的痛快而使自己的经济利益受到损失。

谈判时为自己设定目标区间

谈判是从实际出发的,理想目标固然要遵循"求乎其上,得乎其中"的原则。但是,理想目标绝不是漫天要价,谁都不希望刚亮出报价牌,就把对方吓跑了。

CIA特工认为,准备阶段确定的目标是整个谈判成败的关键所在。在你坐在谈判桌之前,那些你该做而没做的工作,就已经决定了你谈判时应如何表现。

荷伯先生家的电冰箱出了问题,他决定重新购买一台。他从存折中取出仅有的500美元,换句话说,要买一台新的冰箱,他最多只能出到500美元。此外,他的兜里只有一盒火柴、一支笔和8分零钱。他来到赛厄斯商店,左挑右选后瞅准一台标价为489.95美元的冰箱,他对之喜不自胜。你知道,赛厄斯商店是明码标价商店,他们不讨价还价。可是,荷伯先生还是仅用450美元就买到了这台心爱的冰箱。荷伯先生达到了目标,那是因为他先定出了目标。

1.定出你的理想目标

理想目标是希望达到的目标,即达到此目标对自己的利益将大有好处,如果未达到,也不至于损害自己的利益。

一位热气球探险专家计划从伦敦飞往巴黎,他对此次行动的目标做了以下详细划分:"我希望能顺利抵达巴黎;能在法国着陆就已经不错了;其

实,只要不掉到英吉利海峡,我就心满意足了。"

记住,理想目标的制订一定要从实际出发,否则就只会是空想。

2.重要的是终极目标

一家位于苏格兰的小轮胎公司,原来一周只开工四天。经理为加强产品在市场上的竞争力,希望能将工作时间定为一周开工五天。但是,遭到了工会的拒绝。工会的理想目标是周五不开工。在漫长的谈判过程中,公司一再声明,如果工会不肯合作的话,公司将可能被迫关闭。看来公司的决心挺大,可工会的决心更大。最后,谈判宣告失败,公司宣布关闭,工人们都失业了。工会就是因为要追求理想目标而牺牲了终极目标——保住饭碗。

3.最好有个目标区间,以便你和对手能自由"游戏"于理想目标和终极目标之间

早上,甲到菜市场去买黄瓜。小贩A开价就是每斤5角,不还价,这可激怒了甲。小贩B要价每斤6角,但可以讲价,而且通过讲价,甲把他的价格压到了5角,甲高兴地买了几斤。此外,甲还带着砍价成功的喜悦买了几根大葱。同样都是5角,甲为什么愿意去买小贩B的黄瓜呢?因为小贩B的价格有个目标区间——最高6角是他的理想目标,最低5角是他的终极目标。而这种目标区间的设定能让甲在心理上更容易接受。

要么得寸进尺,要么漫天要价

谈起销售,就无可避免地要谈到货款的催收。因为货款的回笼,是营销人员业绩的体现,是产品销量的反映,是公司利润的源泉。然而,很多营销人员因催收货款不力,从而导致公司应收账款增多、回款率下降、资金周转困难,甚至有巨额呆账、死账产生。我们将就营销人员如何有效地催收货款,加速货款回笼,谈几点看法。

开门见山,合作原则"言在先"

营销人员往往有这样的一种心理:如果把合作条件(特别是付款方式)开门见山地提出来,客户很可能认为条件太"苛刻"而不予合作,从而影响

到后一步的业务往来。其实,这种担心大可不必:

第一,事先说明,显示了自己合作以诚的原则;

第二,减少了后期业务过程中的后遗症和一些不必要的麻烦。过高的条件有可能当时就让客户放弃了合作,但是,这总比将货供给客户以后,他再以货款结算标准和方式有争议为借口不予结款要强。

所以,营销人员在合作之初,就应以《购销协议》《买卖合同》等具有法律效力的文书,详细地对货款结算做出规定和说明:

1.供货价格(也就是结算价格)是多少。

2.结款方式或具体的结款时间。

3.如果业务往来较频繁,结款方式要注明是"现款现货"、"送二结一",还是固定的"周期性结款(如每个月结一次等)";如果是"一锤子买卖",则对结款日期应做出具体到几月几日的规定。这样,会让货款催收工作的开展变得有据可依。

言信行果,该咋办的就咋办

营销人员因顾念情面,对客户延期付款的要求做出一时的让步,而导致货款多次催收无果的现象已是屡见不鲜。所以,营销人员应坚持原则,执行公司相关的业务规定,结算每一笔货款时做到"该咋办的就咋办":

1.公司规定只做现款结算的,就坚决不做代销,哪怕是客户请求隔一天付款也不行,因为说不定过了这一天以后,客户就"搬家"或"关门倒闭"了。

2.按"送二结一"结算方式签约的,客户不将前一批货款结清,就坚决不供第二批货物。

3.到了合同规定或客户指定的结款日期,一定要按时前往。一来可以抢在别的业务人员之前,让客户将有限的资金先支付给自己;二来不给客户留下话柄,"叫你某时某刻来,你不来,现在好了,钱都被其他公司结走了"、"不巧,老板刚走,没人签字,我不敢付款"……

4.形成一个客户可感知的结款习惯。勤于拜访客户,每隔一段时间向客户提个醒,让客户记住还差自己哪批货的款,共差多少,还有多长时间就该付款了。

营销人员如果做到了这几点,就会让客户留下"该公司货款不可拖欠"的印象,这样,货款催收自然就顺利多了。

不卑不亢,柔中带刚述衷肠

有些营销人员认为,向客户追讨货款,是求别人办事,因而在与对方的交涉过程中,他们没有丝毫的底气,反而让客户觉得这家公司"好欺负",从而故意刁难或拒绝付款。所以,在收款过程中,摆正"姿态"是非常重要的。

首先,应理直气壮、义正辞严地向客户说明来意:"今天,我是按合同规定特地登门收款的。"让客户明白,这次不是求他收购。其次,在理解客户难处的同时,让客户也理解自己的难处。有时客户会说:"您看,我公司生意现在这么差,资金周转确实困难,能不能缓几天再结?"

对这种"借口",在表示"理解"的同时,也应借机向他诉说自己的为难之处:

1.约定结款时间是今天,如果今天不回款,领导会说自己办事不力,自己将被炒鱿鱼。

2.公司已经几个月没给我发工资了,自己能否拿到工资、奖金,全靠这次能否回款了。

在诉说时,要做到神情严肃,力争"动之以情"。

其次,在表明"非结不可"的坚决态度的同时,要做到有礼有节。在填单、签字、销账、登记、领款等每一个结款的细节上,都要向其具体的经办人真诚地表示谢意,以免其下一次故意找借口刁难自己。

明察暗访,深谙客户经营状况

有时,客户会以各种原因为借口,不予付款。如:负责人不在、账上无钱、未到公司付款时间(有的公司有固定的付款日期)、产品没有销完或销路不好,等等。这就要求营销人员平时要做"有心人",多观察,及时地掌握与结款客户相关的一切信息动态。只有这样,才能辨明客户各种"借口"的真相,并采取有效的针对措施。

第一,在平常的业务交往中,摸清客户的一些基本情况:

1.结款时间:是随便哪一天都可以结,还是每月只有固定的几天才办理结款手续。

2.结款方式：是现金付款，还是转账支付，转账的，应注意其填写的货款到账日期。

3.结款签字负责人坐班时间。

4.有无对账程序。

5.需提供普通发票，还是增值税发票，何时提供。

第二，与客户的一两个属员建立起牢固的私人感情，让他成为自己的"内应"或"线人"，毫不保留地把客户的相关情况"告密"给自己，如负责人在不在、公司账上是否有钱、来公司结账的人多不多，等等。

第三，尤其应关注自己所供产品的销售情况。

如在当次结款周期内，产品的销量、回款额、库存分别是多少，是否达到合同规定的结款条件。如果产品销量确实欠佳，则应立即出台助销政策，并对客户的销售工作做出指导——因为产品的实际销量才是结款时最具说服力的依据。

归纳整理，心中有数细盘算

如果营销人员自己心目中对应收账款的明细都没有数的话，收款效果肯定不佳。要做到这一点，营销人员应定期对货款进行盘算清点。

1.做好送货记录。明确在哪一天给哪些客户分别送了哪些货物，合计多少钱；每一笔款项按合约又该何时回笼。

2.做好货款分类。按照货款预定的回收时间及回收的可能性，将货款分为未收款、催收款、准呆账、呆账、死账几类，对不同类型的货款，加以不同的催收力度。

3.做好催收计划。依据货款期限的长短、货款金额的大小及类型、客户付款程序的繁简、客户离公司的远近等因素，做出一个轻重缓急的货款回收计划，有头絮、有步骤地开展货款催收工作。

灵活应变，明催暗讨细周旋

在结款时机、场合、对象的把握上，营销人员应针对不同的拒付借口、不同类型的客户，灵活多变地处理：

第一，针对不同的借口采取不同的行动。

当客户以某某人不在为借口不付款时，可以联合其他厂家的业务人员一起，以众人的力量给其施加压力；而当其资金确实紧张时，则应避开其他厂家的业务人员，单独行动。如果其拒付的原因涉及自己的产品或公司时，营销人员则应反省到底是什么原因促成这样的结果，是公司的促销不力导致产品滞销、奖金返利未曾兑现，还是其他政策没有落实到位，从而影响了客户的积极性，并即时做出整改。

第二，分清客户类型。

对付款不爽快却十分爱面子者，可以在办公场所当着其员工和顾客的面，要求他付款，此时他会顾及公司的信誉和形象而结清货款；你甚至可以在下班时间到他家里去，他不愿家庭生活受到干扰，也必立即结款。对付款爽快者，则应明确向其告知结款的原因及依据；并可经常地鼓励这类客户，将其纳入信誉好的代理商之列，引导客户良性发展。

第三，选择时间。

有的客户忌讳在一个工作周期的头一天或头几天往外支付资金，因为他认为这样预示着生意的亏本。所以这种客户不愿意营销人员在一个星期的第一天，一个月的头两天和每天的上午找他结款。此外，最好不要选择在负责人心情不好、情绪不稳定时提结款要求。

第四，把握好向谁讨账。

资金流向往往是商业交往中比较敏感的话题，一家公司的资金周转实力更是一个秘密，所以在结款时要找准关键人，向做不了主的人提结款要求，只是徒劳，甚至会"打草惊蛇"，使结果适得其反。

时刻关注呆账、死账，防患于未然。

营销人员在把客户当上帝一样敬的同时，也要把他当"贼"一样的防，时刻关注有关客户的一切异常情况，如客户所在企业的人事调整、机构变革、经营转向、场地迁拆，甚至关注有关客户所在企业是否有关闭、倒闭、破产的先兆等，一有风吹草动，立马开展跟进工作，防患于未然，杜绝呆账、死账，以减少不必要的货款流失。

第一,进货情况。主要是客户进货的时间、频率及数量,如果客户在淡季多次大批量进货,显然是不正常之举。

第二,销售方式。注意客户有无恶意跨区域销售货物、"放血"削价抛售、"跳楼"清仓甩卖等行为。

第三,人事变动机构调整。主要是原来负责对口工作的相关人员调离或组织机构撤销。一旦有变动或调整,务必要求客户办妥移交手续,最好是以企业法人身份做出货款确认工作,以防"赖账"现象发生。

第四,付款时间。如果一向按时足额付款的客户一再要求延长付款时间或分批支付货款,其中必有蹊跷。

第五,经营方向。实力本来就不济的客户突然转向投资或兼营其他行业,其在财力和人力上必然勉强。如果他失败了,本公司很可能就会成为他"倒账"的对象。

此外,还有不可抗力的因素,如政府要求大面积地拆迁以致客户不得不停业,同样可能导致呆账、死账产生。

巧妙施压,想合作,先付款再谈

在结款时,营销人员除了"按程序办事"和"按规矩办事"之外,还必须巧妙地给客户施加压力,防止客户拖延支付时间或减少支付金额,从而达到促使客户按时足额结款的目的。

第一,将购货要求化整为零,多批次、少品种、少数量地给客户供货。比如客户一次要20个品种各10件,只给他送10个品种,每个品种只送5件,有意让客户处于一种"饥渴"状态。

第二,终止相关的销售政策。对付款不及时的客户,除了依照账期长短不同而制定相对应的供货价外,还可以终止促销礼品、样品的配送,和取消年终返利与奖金。

第三,将优势品种断货。每个厂家都有一两种有市场需求的、成熟的、畅销的优势品种,如果将这样的品种停止向客户供货,必然使对方的下线客户转移进货渠道,甚至使对方永远流失这些下线客户。

第四,前款不结,后货不送。停止向客户供给一切货物,直至他付清前

期货款;甚至收回货物,不再与之进行业务交往。

迫于以上种种压力,为了使自己的长远利益不受损害,客户一般均会如约付款。

6.5 你好我好的"共赢术"

生意场上的竞争永远没有固定的模式,能够在竞争中与对手"合作共赢",你才可能成为笑到最后的大赢家。

俗话说"三个臭皮匠,顶个诸葛亮"。而犹太人之间的合作往往是几十人或上千人的合作,这就使得人们不得不对这种集体精神充满敬意。我们来看看这些不可思议的犹太人及他们所创造的奇迹。

弗兰克、爱因斯坦、玻尔、赫兹一度曾是要好的朋友和论敌,正是这几个犹太人推动了整个人类的科学进步;

西拉德、爱因斯坦、奥本海默、特勒也曾是要好的朋友,正是这四个人的共同努力,才制造出了世界上的原子弹和氢弹;

萨尔诺夫、迈耶、佩利、格雷厄姆等曾是最要好的朋友和生意对手,彼此在友谊和竞争中发财;

美国好莱坞的巨头高德温、梅耶、派拉蒙公司等五大电影公司,都是犹太人的公司,正是这几个犹太人之间的分分合合,垄断了整个美国好莱坞……

在犹太人的心目中,金钱和智慧是不会相互矛盾的,他们认为二者是可以完美结合的。而个人的智慧总是微弱的,只有集体的智慧才能发挥出巨大的能量。在犹太人的团队里,没有什么是需要自己单枪匹马去完成的,"抱团式"的发展进取模式已经成为犹太人的标志。

在当今的商业社会中,"团队合作"是一个令人热血沸腾的词组,它意味着激情与共同创造。

喜欢"抱团",同时也是温州人最大的优点——有困难互相帮,有了钱大家赚。

最先经商富起来的温州人秉承的也是犹太人那种经商之道,互助的合作模式让温州商人受益匪浅。比如在法国巴黎,温州籍商家的经营领域与范围就在不断扩大,从餐饮、皮具、服装、首饰,发展到进出口、仓储物流、旅游、电脑、地产、商业刊物等,另外,华人服装街、华人电脑街、华商新城等也先后形成并得到发展。

与人合作,借势而行

世界船王丹尼尔·洛维格拥有世界上吨位最大的油轮6艘,他的船队大小船只加起来约有500万吨位;另外,他还兼营旅馆饭店业、房地产投资业,以及自然资源开发业等。

洛维格成功的商业经历颇耐人寻味。在初涉商道时,他只有一艘仅仅能航行的老油轮,而且手头资金严重不足,但就是在这样的情况下,洛维格靠着巧妙的抵押贷款运作,从一艘破旧油轮起家,发展成为现在的世界船队。洛维格很善于"与人合作,利用别人的钱开创自己的事业"。

洛维格不辞辛苦、不厌其烦地奔波于各大银行,说服银行家们贷给他一笔款子,并且使他们相信他有偿还贷款本金及利息的能力。面对几乎一无所有的他,银行家们做出的选择很简单——拒绝。

在银行家那里,洛维格的希望像一个个肥皂泡般破灭。

此路不通,是否能另找途径?洛维格突然想出一计。他有一艘仅仅能航行的老油轮,但他却视之为珍宝,请人修理好之后还精心地帮它"打扮"了一番,他将这艘油轮以低廉的价格包租给了一家大石油公司。然后,他带着租约合同去找纽约大通银行,告诉大通银行的经理他有一艘被大石油公司包租的油轮,如果银行肯贷款给他,租金可每月由石油公司直接转给银行来抵付贷款的本金与利息。聪明的洛维格已经计算清楚,石油公司的租金刚好可以抵偿他在银行贷款的本息。

这一次,银行方面做出的决定不同了,大通银行的经理答应了洛维格的要求。尽管洛维格本身依然没有资产信用,但是大通银行的经理更看中那家石油公司足够的信誉和良好的经济效益。他们认为,除非天灾人祸,除非那艘油轮不能行驶,除非那家石油公司破产倒闭,否则这笔租金会一分不差地入账。

可见,洛维格不仅善于借用别人的钱来开创自己的事业,还善于利用其他公司的信誉来为自己的事业服务,这正是他思维的巧妙之处。银行的第一笔贷款给了洛维格扩大自己生意规模的资本,他立即买下了一艘自己想买的货轮,然后动手将货轮加以改装,很快一艘装载量较大、航运能力极强的油轮便出现了。他采取同样的方式,把油轮包租给石油公司,获取租金,然后又以租金为抵押,重新向银行贷款,然后又去买船……如此循环往复,像滚雪球似的,他的船越来越多,租出去的船也越来越多。等到贷款还清了,整艘油轮便归在了他的名下。随着一笔笔贷款逐渐还清,那些包租船全部归他所有。

像神话一样,洛维格拥有的船只越来越多,租金也滚滚而来。洛维格在不断积聚资本的同时,也在不断扩大自己的生意规模。原来与他合作的只有大通银行,到后来许多别的银行也开始主动支持他,不断地贷给他巨额款项。

合作竞争的最高境界是拉第三方入伙

洛克菲勒在事业开始之初,财力、物力、人力都十分有限,他梦想垄断炼油行业,可他根本不是亚利加尼德集团等其他石油公司的对手。颇有心计的佛拉格勒——洛克菲勒的同伙向他提议:"原料产地的石油公司在需要的时候才用铁路,不需要的时候就置之不理,变化不定,因此铁路上经常无生意可做,一旦我们与铁路公司订下合约,每天固定运输多少油,他们一定会给我们打折扣。这打折扣的秘密只有我们和铁路公司知道,这样的话,别的公司便无法在这场运价竞争中获取利润,我们便会控制整个石油产业。"

洛克菲勒于是将凡德毕特纳入合作对象,后者是铁路霸主之一,是个贪得无厌的家伙。双方最后达成了这样的协议:洛克菲勒以每天订60辆车合同的条件换取每桶让7分的利润。运费足够低廉,因此洛克菲勒的石油销售价便得以下调,从而促进了公司石油销路的迅速拓宽和发展。这为洛克菲勒的公司成为世界最大的集团经营企业创造了决定性的条件。

洛克菲勒无疑是明智的。身为弱者,如果他和亚利加尼德集团直接竞争,必然会遭遇"弱肉强食"。他避开这场残酷的商场厮杀,巧妙地借助"第三者"铁路霸主的力量,利用运价的低廉,迅速在运输上占据上风,然后一步步挤垮同行,实现了"小鱼吃大鱼"、垄断石油经济的愿望。

"双赢"使生意越做越大

市场的广阔性与多元性,使得一个有灵敏头脑的老板不必为自己受挤而妒火中烧。他应果断地避开众人,不畏踏上冷僻的羊肠小道,从而开辟新的道路,一样能够到达光辉的顶点。

"一笔生意,两头赢利",能不能策划得如此完美,就看你的经商智慧了。大多数成功商人在平时的商务往来中,都能通过巧妙调整公司的经营策略来实现"双赢"。

在商业经营活动中,成功的企业家不仅追求高产出,而且追求一次或一项投入可以有多次或多项产出。

例如,美术商贾尼斯特别注意招徕潜在顾客,尤其是那些公关学校或大学中的女孩子。这些女孩子即将步入社会,一旦培养出她们对现代美术的兴趣,不仅她们会经常光顾,将来她们还会偕同自己的丈夫来购买美术品。

在买卖中把握"双赢"的技巧,这不仅是贾尼斯的经商手段,也是大多数企业家采用的手段,因为这样可以使得他们的生意越做越大。为什么坚持"双赢"的竞争法则能取得如此大的成就呢?

第一,现代社会的企业提倡竞争、鼓励竞争,但竞争的目的是相互推动、相互促进、共同提高、一起发展。过去,公司为了赚钱,总想独霸市场,一心想着挤垮同行。他们在处理与同行的关系上,多是互相诋毁、互相攻击、互相欺骗,不仅信奉"同行是冤家",而且坚持"三十六行,行行相妒"。但事实证明,这种做法于经商没有任何益处。

第二,虽然相互竞争的公司间有点像战场上的"敌手",但就其本质来说是不一样的。公司经营的根本目标是为社会作贡献,公司的产品是满足社会需要的,公司赚的钱也被国家、公司和员工三者所用,公司间的竞争手段必须是正当合法的。从这种意义上讲,相互有竞争关系的公司之间完全可以相互帮助、支持和谅解,应该成为朋友。

第三,竞争对手在市场上是相通的,不应有"冤家路窄"之感,而应友善相处,豁然大度。这就好比两位武德很高的拳师比武,一方面要分出高低胜负,另一方面又要互相学习和关心,胜者不傲,败者不馁,相互间切磋技艺,共同提高。

在市场竞争中,对手之间为了自己的生存发展,竭尽全力与对手竞争是很正常的现象。但是,不管是哪种竞争,一定要运用正当手段。也就是说,只能通过质量、价格、促销等方式进行正大光明的"擂台比武",一决雄雌,切不可用鱼目混珠、造谣中伤、暗箭伤人等不正当手段来损伤对手。

现代社会,市场形势瞬息万变。市场形势此时可能对甲企业有利,眨眼间就可能变得对乙企业有利。所以,作为老板,应"风物长宜放眼量",不应当以一时胜负来论英雄,更不可以因自己的一时失利而迁怒于竞争对手。

第七章 〉〉〉〉

赢取地位和荣誉的"成功战略"

大量事实告诉我们，真正的成功者不仅是"勤于思、敏于行"的人，而且还是深谙人生之"道"、事业之"道"之人。这个"道"，指的就是规律。

是的，成功没有固定的模式，但是成功却有着很多相同的规律。如果找到了成功的规律，成功就变成了非常简单的事情。

7.1 读懂"潜规则"，踏进成功圈

人情世故更多的时候体现在"潜规则"上。到底什么是"潜规则"呢？"潜规则"是隐藏在正式规则之下是看不见的、没有明文规定的、约定俗成的，但是却又是受到广泛认同、起实际作用的一种规则。

凡是有"圈子"的地方，就有"潜规则"

2009年的春节联欢晚会小品《水下除夕夜》冒出一句经典台词"潜艇的

规则就是潜规则"更让"潜规则"一词家喻户晓。

潜规则是实际上支配着社会运行的规则。它是约定俗成的、人人必须遵循的一种规则。凡是有"圈子"的地方,就会有潜规则出现。

在金庸的武侠小说《鹿鼎记》第46回中,清军将领施琅攻克台湾后,朝中有大臣提建议称,台湾孤悬海外,易成盗贼渊薮,朝廷控制不易,若派大军驻守,又多费粮饷,应该决意不要。康熙采纳建议,下旨令施琅筹备弃守台湾事宜,将全台军民尽数迁入内地,不许留下一家一口。韦小宝给施琅出主意,要他马上进京面圣,说明台湾百姓安居已久,内迁劳民伤财,将会不得人心。

施琅临行前,韦小宝相送,二人有一番这样的对话。韦小宝问道:"有一件大事,你预备好了没有?"施琅道:"不知是什么大事?"韦小宝笑道:"花差花差!"施琅不解,问道:"花差花差?"韦小宝道:"是啊。你这次平台功劳不小,朝中诸位大臣,每一个送了多少礼啊?"施琅一怔,道:"这是仗着天子威德,将士们用命才平了台湾。朝中大臣可没出什么力。"韦小宝摇头道:"老施啊,你一得意,老毛病又发作了。你平了台湾,人人都道你金山银山,你一个人独吞,发了大财。朝里做官的,哪一个不眼红。"施琅急道:"大人明鉴,施琅要是私自取了台湾一两银子,这次教我上北京给皇上千刀万剐,凌迟处死。"韦小宝道:"你自己要做清官,可不能人人都跟着你做清官啊。你越清廉,人家越容易说你坏话,说你在台湾收买人心,意图不轨。这么说来,你这次去北京,又是两手空空,什么礼物也没带了?"施琅道:"台湾的土产,好比木雕、竹篮、草席、皮箱,那是带了一些的。"

韦小宝哈哈大笑,只笑得施琅先是面红耳赤,继而恍然大悟,终于决心补过,当下向韦小宝深深一揖,说道:"多谢大人指点。卑职这次险些儿又闯了大祸。"

为什么施琅要感谢韦小宝并声称自己又险些闯了大祸呢?因为在朝中大员看来,施琅打下台湾必定大发横财,要想让自己在皇上面前帮他说好话,施琅最好还是把吞得的金银珠宝拿出来一些与自己共同"花差花差"。如果施琅不愿意与大家共同"花差",那么就是施琅"太不上路"。"不上路"

就有违官场的潜规则——也就是官场的公共认知。可能施琅确实不知道有这样的"公共认知",但这不重要,重要的是朝中大员都以为施琅知道了,这样一来,如果施琅不给朝中大臣送礼,那么就意味着他一下子把朝中大臣都得罪光了。

有这样一则故事,古代某知县为了升官,带着厚礼到省城拜访巡抚。巡抚见送来的礼不轻,心中甚喜,于是在家中接见知县。知县见了巡抚,行完礼,落了座,仆人献上茶来。在当时,官场上为客人献茶只是一种形式,客人并不真正喝茶,尤其是当下属拜见上司时,即使面前有一杯茶,也绝对不能喝。当正事说完后,主人会举起茶杯说"请喝茶",那就是告诉客人你应该走啦,客人也会识趣地赶快告辞。这个官场规则叫"端茶送客",实际上也是官场上的一种公共认知,也可以说是潜规则。

可是这个知县原本是个做生意的,他这个知县的官位也是花钱买来的,因此不懂官场的这套规矩。他心想:他是巡抚,我是知县,那么我应当主动客气。坐了一会儿,他双手捧起茶碗对巡抚说:"大帅,您请喝茶!"巡抚听了,心里一愣:怎么,你跑到我这儿"端茶送客"来啦?!你打算把我轰哪儿去呀!巡抚心中难免有些不悦,如果不是看在知县送了厚礼的份儿上,或许就会当场发作了。

由此可见,不懂得一些特定场合中的"潜规则",会使你在交往过程中遇到一些尴尬或者不快的插曲。这就告诉我们,在日常交往中,你也要注意留意那些"潜规则"——比如不要随意询问年轻女性的年龄,不要随便打听对方的收入,不要当着一位女性的面夸赞另一位女性,要记得入乡随俗,等等。如果你因为自己对"公共认知"的"无知"而打破了那些"潜规则",你怎么把人得罪了都不知道,可能还觉得自己挺冤枉,基于此,一定要重视那些公共"潜规则"。

没有人教你的经验——不成文却很神的职场"潜规则"

丁丁跳槽到一家私营企业做文案工作,两个月还没干完,他就遇到了烦心事——企业工资没有按时发放,他已经断炊了。年轻人总爱泡在网上聊QQ,因为丁丁的工作并不忙,所以他上网聊天的时间也比较多。这两天,他逮到人就诉苦水:"前天就应该发工资,可今天还没动静。我怀疑我们公司都要倒闭了!""当老板的为什么总喜欢拖欠员工工资!"抱怨中带有发泄。

没半天时间,他的同学、同事、前同事、朋友都知道了他的公司"财务状况不景气",有的劝他早点离开,有的为他愤愤不平,有的笑他进了个"皮包公司"。

也不怪丁丁这样,丁丁是个"月光族",没有存钱的概念,每个月到了月底就盼着发工资。这次工资没有按时发,着实让他有点不知所措了,加上他一向口无遮拦,想说什么就说什么,也就把所在企业没按时发工资一事捅出去了。

让丁丁松了一口气的是,第三天就发了工资。原来发工资那天正好会计的老家出了点事,他请假回去了,所以推迟了三天发工资。可是,丁丁领到工资的当天就被老板委婉地辞退了。老板说:"我们公司不需要对公司没信心、没耐心、没爱心的人!"丁丁怎么也想不明白,老板怎么会没头没脑地说出这样一番话来。后来经打听,他才知道公司的一个同事是老板的远房亲戚,这个同事很快就把丁丁的话传给了老板。

在这种情况下,如果丁丁能再坚持几天,或是控制一下自己的情绪,不到处说"公司'倒闭'、老板'黑暗'"之类的话,他的结果就不会如此了。就像每个游戏都有游戏规则一样,在职场,同样也有一些不成文的规则。经常犯规的人,必然会受到规则的惩罚——同事不会说你,但他们会疏远你;老板不会批评你,但他会直接开除你。

有些人干得好好的,莫名其妙地就被开除了;有些人很有才华,却总得不到升迁的机会——因为他们光知道埋头苦干,却不懂得遵守职场"潜规则"。所谓的职场潜规则,就是指规章制度以外的规则,不成文,却需要自觉遵守。没有人教你,却是前辈们难得的经验。它像"一只看不见的手",在职场上,可以向上推你一把,也可以向下拉你一把。

因此,进入一个行业,就要适应这个行业的一些规则,比如下面的这些:

第一,摆正自己的位置。

在职场,要摆正自己的位置。不管你如何的自信,不管你如何的看不起你的领导,领导的位置始终高于你,作为下属,你就应该有做下属的样子。

懂得维护老板的威严。可能私下里老板对你表示过"兄弟"情谊,但只要在公司,你就是下属,他就是上级。千万不要在同级和客户面前,对老板"称兄道弟"。

在上司面前不要太露锋芒。在一些场合,比如与客户交流时,向高层领导汇报时,聚会应酬等,有上司在时,做下属的不要喧宾夺主,要分清大小和主次。

不论是在私底下还是在公开场合,对你的上司表现出傲慢轻视的态度,只会反过来伤害到你自己。比如,打断老板的笑话,公开纠正老板的错误,以及质疑老板的决心等,都是标准的不智之举。

第二,不要以为没人注意你。

在公司里,不要以为每个人各司其职,老板不在,你的背后就没人注意你。其实,你的一举一动都在同事和老板的眼皮底下。因此,随时都要注意自己的形象。

有的公司对员工有着装上的要求,需要员工穿正装。即使你的公司没有这样的规定,也要尽量穿得正式一点。你的服装虽然与你的才干没有什么关系,但却能表现出你的精神面貌。太夸张、太休闲的服装在你的眼里可能没什么,可在老板眼里,就是不严肃的工作态度。

用公司的电话煲电话粥,是很多年轻人喜欢干的事情。再大方的老板也会在意你的这个小动作,他关心的不仅仅是那点超支的电话费,更多的是你用在这上面的时间,以及你对公司的态度。

第三,忠诚比能力更重要。

老板喜欢两种人,一种是有能力的,一种是对他忠诚的。如果你的能力很强,但不可靠,他会对你留个心眼;如果你能力不够,但很可靠,他会给你

一些机会。

毛峰是个能力很强的产品策划人。他觉得自己给公司创造的效益远远大于自己的收入，加上有足够的业余时间，于是他还在同行业的另一家公司做着兼职。有时候本职工作做完了，他就在公司做起别的事情来。一天，他的"小动作"被老板发现了。老板认为他吃着公司的饭，干着别人的活，还可能把公司的一些创意泄露出去，于是，就把他辞退了。

老板在用人时不仅仅看重你的个人能力，更看重你的个人品质，而忠诚度却是你的个人品质中最关键的一个因素。老板们宁愿信任一个能力差些却足够忠诚敬业的人，也不愿重用一个能力强却不忠诚的人。如果你是老板，你肯定也会这样做。

第四，不要随意"倒苦水"、露隐私。

有些人一点话也藏不住，见到人就大吐苦水，"我在这个部门真是倒霉……"，要不就是背后批评"我们那个经理啊，真是糟透了……"，如此，长此以往，只会让你的形象受损，而给他人留下一个"这个人不适合这个岗位"的印象。

千万不要逞一时的口舌之快而泄露别人的隐私，也不要因为自己一时的感情脆弱而向同事吐露心声。

别人不愿意说的事，你要识时务地闭嘴，不要追问到底。即使不小心发现了老板的"秘密"，也要学会"装聋作哑"，"见怪不怪"。

所谓"言多必失"，如果在错误的时间，错误的地点，与错误的对象说了一句错误的话，那后果真会令人始料不及。

第五，单位的规则，就认真遵守。

每个单位都有自己的规章制度。所谓制度，当然是对人有约束力的。或许你对其中的几项制度很不满，比如上班打卡、加班没有加班费、员工之间不能谈恋爱。如果你在公司的地位和能力还不足以改变这些制度规定，那么你再抱怨也没有用，不如老老实实地遵守它们。

7.2 "面子""里子"都是学问

"面子"在许多中国人的观念中是一个重要的概念。中华民族不仅是一个重人情的民族,也是一个爱面子的民族,由于受到"面子"观念的影响,大多数中国人都爱面子、怕丢脸。

在人际交往中,注重给别人留面子,也是给自己以面子。中国人大多很重视面子,也总是去评价别人有没有面子。多数中国人总是希望自己比别人更有面子,在这种对面子的追逐中,大家都努力使自己更有面子,其结果是大家都越来越重视面子,使面子在社会中所发挥的作用也越来越大。中国人很讲面子,于是便有很多关于面子的俗语,如,"给谁一个面子""看在某某的面子上""不看僧面看佛面",等等。那么,面子到底是什么呢?面子其实就是一个人的社会声望、社会名誉,人们通常把它视之为在社会立足的根本。

生活在这个充满人情世故的世界里,你做人不懂人情,就不会受人欢迎;你做事不讲究一点策略,就很难把事情做到尽善尽美。这就需要我们在做人与做事的同时最好还要顾及其他人。无论你周围都是些什么人,都要给他人留足面子。俗话说:树要皮,人要脸,由此就足以看出人人都是有自尊心与虚荣心的。当你不给他人面子的时候,你就伤了他人的自尊心,就满足不了他人的虚荣心。那么反过来想一想,以后,当你需要得到他人的帮助的时候,他人还会帮助你吗?你既然不给别人留面子,别人还会顾及你的面子吗?

曾经有一位文化界的人士,每年都会参加某单位的杂志评鉴工作,此工作虽说报酬不多,但却是一项难得的荣誉。我们知道人类是一种很虚荣的高级动物。凡是能够得到某项荣誉,人们就感觉自己很有面子,其自尊心得到了维护,虚荣心也就得到了满足。也就因为此项荣誉,很多人想

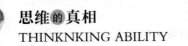

参加杂志评鉴却找不到门路，也有人参加了一次或者两次，但再也没有机会了。至于这位文化界的人士，为什么年年有此"殊荣"呢？也有不少人问过他同样的问题。直到这位文化界人士不再参加此项工作之后，才公开了秘诀。

这位文化界人士说，他的专业眼光并不是关键，还强调说他的职位也不是重点，他之所以能年年被邀请参加，是因为他很会给人留"面子"。他说，他在公开的评审会议上一定把握一个原则：一少两多。何为"一少两多"呢？也就是说少批评而多鼓励、多称赞；但会议结束之后，他会找来杂志的编辑人员，私底下告诉他们编辑上的缺点。因此，虽然杂志排名有先后，但每个人都保住了面子。也正是因为他总是顾虑到别人的面子，时刻想着给他人留下面子，因此承办该项业务的人员和各杂志社的编辑人员都很尊敬他、喜欢他。一个受到尊敬与喜爱的人，当然也就会有更多的机会。

在中国人的社会里，"面子"是一件很重要的事。为了自己"面子"的问题，有些人小则翻脸，大则有可能大打出手，有些人则由朋友变为仇人等，像这样的事件并不是没有出现过。如果你是个对"面子"冷漠的人，那么你必定是个不受欢迎的人；如果你是一个只顾自己的"面子"，却不顾别人"面子"的人，那么你必有一天会吃亏。因为每个人都是一个独立的个体，有独特的思维方式和性格，在与人相处时发生矛盾，从而转为争执，这些都是极为平常的事情。关键是在与对方争执的时候，千万不可得理不饶人，给对方留点面子，事后对方也会感激于你的。如果我们能做到这样，又有谁不愿与你交往下去呢？

事实上，给人"面子"并不难，也无关乎道德。我们都是在社会这个"人性丛林"里生活，给人"面子"基本上就是一种互助，尤其是一些无关紧要的事，你更要会给人"面子"。

某公司业务部新来了一位主管，姓刘，人称之为刘管。这天，刘管第一次召集大家开全体会议，他很诚恳地要求大家以后多提建议，并且说："如果发现我本人有缺点，也欢迎大家指正。"会议的现场鸦雀无声，没有一个人说话。没过多久,刘管又召开第二次会议,他还是再次重复那些话。这次,才到职两个多月的小周终于站起来提了一些工作上的建议,刘主管当场表示赞许。小周的行动好像是起到了示范作用,之后又有几位同事相继发言。

自从这次之后,每次召开会议,小周都不放过提建议的好机会,除了工作上的建议外,他还针对刘主管的个人言行提出了一些诚恳的建议。大家都认为,小周不久一定就会"升官"。但事实完全不是这样,没过多久,经常提出诚恳建议的小周却被调了一个闲差,从此他再也没有机会在开会时提建议了。

为什么会是这样的情况呢?答案却不得而知。不管你基于什么心态,也不管你的意见是对是错、是好或是坏,一旦你主动提出意见,你就侵犯了人性的"自我"。这是事实,在我们生活的现实社会中,你也必须承认这一点。所以说小周的行为,也就是在他提出建议或展示自己时,人的虚荣心可能会得到暂时的满足,但是刘管也是有虚荣心的,小周似乎完全没有顾及到这一点,从而为他后来人际关系的发展制造了障碍。所以,我们不能只为了满足自己的虚荣心,而全然不顾他人的面子。我们必须承认,每个人都有一道最后的心理防线。一旦我们不给别人退路,总让别人下不来台,那别人只有使出最后的一招——自卫。因此,当我们遇事待人时,应当谨记:满足他人的虚荣心,给别人留有足够的面子。

中国人最大的特点就是爱面子,这是非常奇妙的。我们可以吃闷亏,也可以吃明亏,就是吃不起"没有面子"的亏。你想在这个社会上生存,就必须了解这一点。这也是很多人不轻易在公开场合说一句批评别人的话的原因。

打人不打脸,揭人不揭短

明太祖朱元璋出身贫寒,做了皇帝后自然少不了有昔日的穷哥们儿到京城找他。这些人满以为朱元璋会念在昔日共同受罪的情分上,给他们封个一官半职。谁知朱元璋最忌讳别人揭他的老底,他认为那样会有损自己的威信,所以对来访者大都拒而不见。

有一位朱元璋儿时一块长大的朋友,千里迢迢从安徽凤阳老家赶到南京,几经周折总算进了皇宫。一见面,这位老兄便当着文武百官的面大叫大嚷起来:"哎呀,朱老四,你当了皇帝可真威风呀!还认得我吗?当年咱俩可是一块儿光着屁股玩耍,你干了坏事总是让我替你挨打的呀。记得有一次咱俩一块偷豆子吃,背着大人用破瓦罐煮。豆还没煮熟你就先抢起来,结果把瓦罐都打烂了,豆子撒了一地。你吃得太急,豆子卡在嗓子眼儿,还是我帮你弄出来的。怎么,不记得啦?"

这位老兄还在那里喋喋不休,唠叨个没完,宝座上的朱元璋再也坐不住了,心想,"此人太不知趣,居然当着文武百官的面揭我的短处,让我这个当皇帝的脸往那儿搁。"盛怒之下,朱元璋下令把这个穷哥们儿杀了。这就是揭人之短的下场。

在待人处世中,场面话谁都能说,但并不是谁都会说。一不小心,也许你就踏进了言语的"雷区",触到了对方的隐私和短处,犯了对方的忌,对对方造成一定的伤害。其实,每个人都有所长,也有所短。一个人待人处世的成功,一个很重要的因素就是他善于发现对方身上的优点,善于夸奖对方的长处,而不是抓住对方的隐私、痛处和缺点大作文章。

那么,怎样才能做到在待人处世中不"揭人之短"呢?

第一,必须了解对方,做到既了解对方的长处,也了解对方的不足。这样才能在交际中做到"知彼知己,百战不殆"。因为每个人都会有自己的个性和习惯,有自己的需求和忌讳,如果你对交际对象的优缺点一无所知,那么交际起来,你就会"盲人骑瞎马",难免踏进"雷区",触犯对方的隐私。

有一群人在看电视剧,剧中有婆媳争吵的镜头。张大嫂便随口议论道:"我看,现在的儿媳真是不知道好歹,不愿意和老人住在一起,也不想想以后自己老了怎么办。"话未说完,旁边的小齐马上站了起来,怒声说:"你说话干净点,不要找不自在,我最讨厌别人指桑骂槐!"原来小齐平时与婆婆关系不好,最近刚从家里搬出另住。由于张大嫂不了解情况,无意中揭了她的短而得罪了她。

所以只有了解交际对象的长处和短处,在交际时,才能做到"有的放矢"。

第二,要善于择善弃恶。在待人处世中要多夸别人的长处,尽量回避对方的缺点和错误。"好汉愿提当年勇",又有谁人愿意提及自己不光彩的一页呢?特别是如果有人拿这些不光彩事情来作文章,就等于在对方的伤口上撒盐,无论是谁,都是不能忍受的。

有一位年轻的姑娘长得很胖,吃了不少的减肥药也不见效果,她心里很苦恼,也最怕有人说她胖。有一天,她的同事小霞对她说:"你吃了什么呀,像气儿吹似的,才几天工夫,又胖了一圈儿。"胖姑娘立马恼羞成怒:"我胖碍着你什么了?不吃你,不喝你,真是狗拿耗子,多管闲事!"小霞不由闹了个大红脸。在这里,小霞明知对方的短处,却还要把话题往上赶,这自然就犯了对方的忌讳,不找麻烦才怪呢。

第三,指出对方的缺点和不足时,要顾及场合,别伤及对方的自尊心。

有一个连队配合拍电影,因故少带了一样装备,致使拍摄无法进行。营长火了,当着全连战士的面批评连长说:"你是怎么搞的,办事这么毛躁,要是上战场也能装备不齐?"连长本来就挺难过的,可营长偏偏当着自己的部下狠狠批评自己,心里自然觉得大失面子,于是不由分辩道:"我没带是有原因的,你也不能不经过调查就乱批评!"营长一下怔了,弄不懂平时服服帖帖的连长怎么会这样顶撞他。事后,在与连长谈心交换意见时,连长说:"你当着那么多战士的面批评我,我今后还怎么做工作?"从这个事例中不难发现,假如营长是私下批评,连长不仅不会发火,还会虚心接受批评。营长错就错在说话时没有注意时机和场合。

第四,巧给对方留面子。有时候,当对方的缺点和错误无法回避时,就必须直接面对,这时就要采取委婉含蓄的说法,以淡化矛盾,避免发生冲突。

古时候,吴国有个滑稽才子,名叫孙山。他与乡里某人的儿子一同参加科举考试。考完后,孙山先回到了家。那个同乡的父亲就向孙山打听自己的儿子是否考上了。孙山笑着回答说:"解名尽处是孙山,贤郎更在孙山外。"孙山的回答委婉而含蓄,既告诉了对方结果,又没刺到对方的痛处。

如果孙山"竹筒倒豆子",直告对方落榜,那么对方的反应就可想而知了。可惜的是,在现实待人处世中,我们周围许多人说话往往太直接,结果往往好心不得好报。

此外,在许多情况下,在待人处世中,经常遇到有人"常有理不见得会说话",自己在理却总是说不到点子上。所以我们要想把话说到别人的心坎儿上,除了不揭人短之外,还要特别注意"避人所忌",具体有以下三个方面应该特别注意。

第一,不要主动涉及别人的隐私。客观地说,每个人都有一些不愿公开的秘密。尊重别人的隐私是尊重他人人格的表现。所以,当你与别人交谈时,切勿鲁莽地随意提及别人的隐私,这样,别人就会觉得你遵循了待人处世中人际交往的"礼貌原则"。因此,他们便会乐意跟你交谈和交往。反之,假如你不顾别人保留隐私的心理需要,盲目触及"雷区",不仅会影响彼此之间谈话的效果,而且别人还会对你产生不良印象,进而损害彼此人际关系。比如,对方的恋爱、婚姻正遭遇某种挫折,而且他又不愿向旁人透露时,你若在交谈中一味地刨根问底,则会引起对方的反感。

第二,不要主动提及别人的伤感事。与别人谈话时,要注意留意别人的情绪,所谈话题不要随意触及对方的"情感禁区"。比如,当你的交谈对象正遇到某种打击、情绪沮丧低落时,你与之交谈,对方又不愿主动提及伤感的事,你就最好躲避这类话题,以免使对方再度陷入"情感沼泽",进而影响彼此间的继续交谈和友谊。

第三,不要主动提及别人的尴尬事。当别人在生活中遇到某些不尽如人意的事时,你若与之交谈,最好不要主动引出这一有可能令对方尴尬的话题。比如,别人正遇上升学考试不及格,或提拔升迁没能如愿,或某项奋斗目标未获预期的成功,等等,而别人又不愿主动向你诉说时,你若不顾别人的主观意念而主动问及此事,那么,你的交谈对象就会因此而陷入尴尬,进而对你的谈话产生排斥心理。

打人不打脸,揭人不揭短,要想友好地与人相处,你就要尽量体谅他人,维护他人的自尊。避开言语"雷区",才不会触及别人的"敏感地带"。

7.3 尊重别人是一个人成功的奠基石

学会尊重每一个人,无论一个人的身份和地位多么卑微,我们都应尊重他,这是我们应该具备的品质。要知道,尊重没有高低贵贱之分,而且尊重别人就是在尊重自己。敬人者人恒敬之。

现在,人们大都对商店售货员的服务态度感到不满,认为这些售货员不是冷淡,就是粗暴。可有一位老太太却说:"我不抱怨那些可怜的售货员,他们有时也会碰到很糟的顾客。可是,我总能得到很好的服务,他们对我都很友好,不过我是有意使他们这样做的。"接着,她谈到了自己的方法,"我走到一位售货员面前,微笑着说:'您能帮助我吗?'从来没人拒绝过我。"老太太脸上闪出顽皮的微笑。她接下去解释自己的第二步骤,"接着我马上说我对要买的商品一窍不通,我很需要售货员的帮助。无论我买一只纽扣还是一台冰箱我都这样说。每个售货员都很乐于帮助我,并且我挑多久都没关系。"

这位老太太处世成功的关键,就在于她尊重人。她的这种处世方式,使人觉得自己在她心目中是有分量的——你既然尊重我,我也就不能怠慢你。

尽管罗斯福总统非常了解和喜欢英国人,但他却忍受不了英国官员不时流露出的傲慢。一天,财政部长亨利·摩根索带给罗斯福一封英国财政大臣的信,信首称呼没有加任何官衔,而是很不礼貌地直呼其名,"亨利·摩根索先生"。由于只顾看信里的内容,摩根索忽视了称呼上的名堂,但罗斯福

却一眼看出了英国人显露出的傲慢神情。当摩根索把写好的回信拿给罗斯福看时,罗斯福说:"这封回信的内容写得不错,但你犯了一个错误。"摩根索有些惊慌失措,忙问:"我犯了什么错误?"罗斯福说:"称呼上应该直呼其名,与你收到的那封信的称呼应当一致,不要加任何官衔。"罗斯福这一招果然很灵,英国财政大臣在他的第二封来信中,已经规规矩矩地加上了美国财政部长的官衔。

尊重应该是相互的,如果你不懂得尊重别人,又怎么能要求别人来尊重你。罗斯福"以其人之道,还治其人之身",使傲慢的英国大臣受了一次教训。

为什么你帮了别人却费力不讨好

助人为乐是流行中外的传统美德。但是,如果你帮助别人不注意方式,往往会损害受帮助者的尊严。这时候,你的帮助就会变味,不但帮不了人,还会给受帮助者带来莫大的危害。

战国时期,诸侯混战,民不聊生。这一年,齐国大旱,饥民遍野。有一个富人叫黔敖的,他开仓赈灾,吩咐人在路边准备好饭食,以供路过饥饿的人来吃。这时,有一个瘦骨嶙峋的饥民走过来,只见他满头乱蓬蓬的头发,衣衫褴褛,将一双破烂不堪的鞋子用草绳绑在脚上,他一边用破旧的衣袖遮住面孔,一边摇摇晃晃地迈着步,由于几天没吃东西了,他已经支撑不住自己的身体,走起路来有些东倒西歪了。

黔敖看见这个饥民的模样,便特意拿了两个窝窝头,还盛了一碗汤,对着这个饥民大声吆喝着:"喂,过来吃!"饥民像没听见似的,没有理他。黔敖又叫道,"嗟,听到没有?给你吃的!"只见那饥民突然精神振作起来,瞪大双眼看着黔敖说:"收起你的东西吧,我宁愿饿死也不愿吃这样的嗟来之食!"说完,这个饥民昂首挺胸地走了。虽然最后这个饥民饿死了,但是他宁死不吃"嗟来之食"的精神却流传了下来。

一个人饥饿到了极点,到了几乎不能维持自己生命的时候,却依然能够拒绝别人轻蔑的施舍——让他能够付出生命代价去维护的,就是他的尊严。每个人都会遇到难处,都有请求别人帮助的时候。在人们准备请求获得帮助的时候,他们首先想到的是如果别人拒绝该怎么办?在这个时候,他们的心灵就已经极其敏感了。

如果你不是一个死缠烂打的人,那么你一定会考虑到:假如对方表现出些许的为难,或者说了些推辞的话,你会怎么办?当然是体谅人家的难处,收回自己的请求。如果对方对你不尊重,冷嘲热讽呢?我们自然会挺直腰杆,宁可无助,也绝不再接受对方的帮助。

所以,我们帮助别人的时候,一定要注意维护对方的尊严,不要让对方已经受到创伤的心灵再遇挫折。

曾经有一位残疾的乞丐,他断了一只手臂。一天,他来到一户人家门口,向主人乞讨活命的食物。这时,从里面走出一位中年妇女,她仔细端详了乞丐一番,对乞丐说:"现在经济形势这么恶劣,我没有多余的钱施舍给你。不过,如果你能帮我们家做一些事的话,我倒不介意为此付给你工钱。"

乞丐纳闷了:自己一个残疾人,能干什么呢?妇人把乞丐带到后院的一堆砖边, 指着那堆砖说:"你只要把这些砖搬到前院的话, 我就给你钱。"

乞丐听完后,很气愤,压抑不住心中的怒火,说:"你明知道我只有一只手,还叫我搬砖!不给钱就算了,你还羞辱我!"但那妇人却拿起一块砖,对他说:"拿起一块砖,一只手的力量就足够了!你虽然只有一只手,但你可以用你的这只手搬砖啊,照样可以靠自己的劳动赚钱!"乞丐听完后,似乎懂得了什么。他吸了口气,用他的那一只手,一块一块地把砖搬完了。妇人见乞丐把砖搬完后,也实行了自己的诺言,给了些钱给乞丐。

几年后,有一个气度非凡,身穿西装的青年来到这个妇人家,感慨万千地谢谢那位妇女。那位妇女开始并不知道他是谁,后来看出了那人是独臂,才想起是当年来自己家乞讨的那位乞丐。那位乞丐现在已成了一家搬运公司的老板,他正是用他的那一只手,成就了自己的一番事业。这位青年对妇

女说："非常感谢您，要不是您帮我找回我的尊严，我哪会有今天。如果没有您对我的教诲，我……"

　　妇女又领青年来到了后院，指着依然堆在那里的砖头说："呵呵，其实我并不需要挪动那堆砖头。这些年来，每个到我家来寻求帮助的人，我都会让他们搬那堆砖头。我只是想让他们体面地获得帮助，同时告诉他们：要用自己的劳动来换取钱财。今天你的成就，就是你用辛勤的劳动和自信换来的！"

　　故事中这个妇人的办法非常高明，在帮助别人的同时，她很好地维护了对方的尊严，并且通过劳动给对方一个提示——尊严可以靠劳动来维护，命运也可以靠劳动来把握。

　　在今天的社会里，人和人之间的关系变得异常密切，这也就导致"互帮互助"变得越来越平常。但在有些人的意识里，帮助者和受帮助者并不是平等的。帮助人的人处于强势地位，自然可以高高在上；而受帮助者由于有求于人，就应该卑躬屈膝，低人一等。

　　在这种观念的误导下，他们在帮助别人的时候，会显露出自己的优越感来，从而使自己的表情变得傲慢，语气变得不屑，言辞变得尖刻，眼神变得冷漠，给受帮助者一种心寒的感觉。设身处地地想一想，如果我们处在受帮助者的位置，我们还能接受这样的"帮助"吗？

　　帮助别人需要热心，更需要技巧，而这技巧中最重要的一条，也是原则性的一条，就是要维护对方的尊严。要让他人愉快地接受你的帮助，并且不会产生心理负担。我们在电视上、新闻里看到过不少企业和个人出资帮助遇到困难的个人和家庭的事件，习惯性的报道方法就是先说受帮助者如何困难，再说帮助人的人如何心善，最后让受帮助者对帮助者千恩万谢。

　　人与人之间的尊重应该是相互的，你尊重别人，才能真正帮到别人，才能获得别人受到帮助后对你发自内心的感激。

尊重所有人,包括不喜欢你的人

在现代社会,已经没有比尊重个人更普遍和重要的价值观了。尊重他人的人格,承认他人的付出,我们要尊重所有人,包括那些不喜欢我们的人。

古时候,有一位国王在带领大臣们狩猎的途中,遇到了一位年轻的乞丐。国王见这位乞丐眉宇间透着一股英气,虽然衣衫褴褛,但掩饰不住他身上的一种独特的气质。于是,国王下马道:"年轻人,你愿意跟随我,做我的侍卫吗?我保证你衣食无忧。"乞丐一听大喜,忙跪下磕头谢恩。于是,国王把他带回王宫。这位乞丐经过一番梳洗并换上侍卫的衣服后,果然显得英气逼人,而且他还具备一般人所不具有的智慧。两个月后,国王便升他为卫队长。年轻人为了报答国王的知遇之恩,他不仅带领士兵们尽心尽力地保护国王和维护王宫的安全,还积极地为国王出谋划策,向他建议极具价值的治国方针。

然而,围绕在国王身边的一些小人却对这位年轻人的受宠感到极为不满。他们轮流在国王耳边说,"那小子不过是一个乞丐,您没有必要赐给他锦衣玉食。""让他滚得远远的吧。我看他现在骄傲得很,准是没安好心。"国王在众人的挑拨下,慢慢地不再信任和重用年轻人了。有时,国王甚至在宴会上当着文武百官的面说:"喂!小乞丐,如果没有本王,你现在肯定还是一个又臭又脏的乞丐。不,或者早已饿死,被野狗们分吃了。"或者是:"小乞丐,过来学两声狗叫,让本王开开心。"每每此时,那些大臣便附和着国王的笑声,肆意地朝年轻人吐唾沫,或者是更为恶劣的嘲笑。一天,那位年轻人不辞而别了。国王很是不解,心想:"难道他不习惯王宫里的锦衣玉食,又回去做乞丐了?"的确,那位年轻人现在又是一个又脏又臭的乞丐了,但他离开王宫的原因不是因为他不习惯那里的生活,而是他无法忍受国王对自己人格的侮辱。因此,他宁愿放弃优厚的物质生活,去当一个自由自在的乞丐。

尊重每一个人的自尊,是人性化的直观体现。无论对方的地位是高贵还是卑微,我们都应该百分之百地尊重对方。虽然人有富贵、贫穷之分,但在人格上,所有人都是平等的,不管你是国王还是乞丐。因此,与人交往时,我们要做的第一件事就是给予对方足够的尊重。否则,即使你是国王,你也无法获得一个乞丐的真心爱戴。

TIPS:关于尊严的格言大全

人受到的震动有种种不同:有的是在脊椎骨上,有的是在神经上,有的是在道德感受上,而最强烈的、最持久的则是在个人尊严上。

——约翰·高而斯华馁

人必自悔然后人悔之,家必自毁然后毁之,国必自伐然后人伐之。

——《孟子》

没有自我尊重,就没有道德的纯洁性和丰富的个性精神。对自身的尊重、荣誉感、自豪感、自尊心——这是一块磨炼细腻的感情的砺石。

——苏霍姆林斯基

虽然尊严不是一种美德,却是许多美德之母。 ——柯林斯托姆

为人粗鲁意味着忘却了自己的尊严。 ——车尔尼雪夫斯基

尊严是文明,但又像一层贴在脸上的东西一样容易脱落。 ——陈家琪

自尊,迄今为止一直是少数人所必备的一种德性。凡是在权力不平等的地方,它都不可能在服从于其他人统治的那些人的身上找到。

——自罗素

要人敬者,必先自敬。 ——陶行知

生命的尊严正是超等价物的一切事物的基点。 ——池田大作

高度的自尊心不是骄傲、自大或缺乏自我批评精神的同义词。自尊心强的人不是认为自己比别人优越,而只是对自己有信心,相信自己能够克服自己的缺点。

——伊·谢·科恩

只有当你想得到别人的尊重而又没有其他办法时,漂亮的衣服才能派上用场。

——塞缪尔·约翰逊

人的尊严可以用一句话来概括:即他的信念……它比金钱、地位、权势,甚至比生命都更有价值。

——海卡尔

对别人的意见要表示尊重。千万别说:"你错了。" ——卡耐基

国家的尊严比安全更为重要,比命运更有价值。

——托·伍·威尔逊

诗人的想象力支配现实的程度,说到底,是衡量他的价值和尊严的精确尺度。

——桑塔亚那

幽默乃是尊严的肯定,又是对人类超然物外的胸襟之明证。

——罗曼尼·葛瑞

对人来说,最最重要的东西是尊严。 ——普列姆昌德

根本不该为取悦别人而使自己失敬于人。 ——卢梭

一个国家如果不能勇于不惜一切地去维护自己的尊严,那么,这个国家就一钱不值。

——席勒

傲慢是一种得不到支持的尊严。 ——巴尔扎克

擦地板和洗痰盂的工作,和总统的职务一样,都有其尊严存在。

——尼克松

本能有它自己的途径,而且是最短的途径。 ——罗曼罗兰

在文学上,年轻人常常从担任法官开始他们的生涯,只有当智慧与经验到来时,他们才终于获得了受审的尊严。 ——托马斯·哈代

"不可能"这三个字只存在于愚人的字典里。 ——拿破仑

当你没有空休息的时候,就是你该休息的时候。 ——西德尼

没有诚实何来尊严? ——西塞罗

人类的全部尊严,就在于思想! ——帕思卡尔

人的一切尊严,就在于思想。 ——巴斯葛

不要让一个人去守卫他的尊严,而应让他的尊严来守卫他。

——爱默生

人与人之间需要一种平衡,就像大自然需要平衡一样。不尊重别人感情的人,最终只会引起别人的讨厌和憎恨。 ——戴尔·卡耐基

哪里有理性、智慧,哪里就有尊严。 ——马丹·杜·加尔

自尊自爱,作为一种力求完善的动力,却是一切伟大事业的渊源。

——屠格涅夫

7.4 合作才能成功

处理好人情世故的最大一条原则就是永远不要"吃独食"。"吃独食"的人迟早会被饿死。所以,你有了荣耀要懂得分享,有了功劳不能独吞,在利益面前,你要大气一点,分给别人一些,才会赢得人心。做人不要太"独",挡人财路的人绝没有好下场。给别人留一碗饭吃,才会促成合作的成功,你才会有更大的生存空间。

让别人占点小便宜,你将收获人心

史学家范晔有一句名言:"天下皆知取之为取,而不知与之为取。"没有无回报的付出,也没有无付出的回报。一般的情况下,付出越多,得到的回报也越大。只想别人给予自己,而自己只等着接受,那么回报的源泉终将枯竭。有一句话说得好:"爱出者爱返,福往者福来。"我们身处世间,给予了付出才有回报。

春秋战国时期,孟尝君求贤若渴。他待人真诚,感动了一个具有真才实学而十分落魄的士人,这个人名叫冯谖。冯谖在受到孟尝君的礼遇后,决心为他效力。有一天,孟尝君要人为他到其封地薛邑讨债,问谁愿意去,没有人出来应答。

半晌,冯谖站了出来,说:"我愿去,但不知用催讨回来的钱买什么东西?"孟尝君说:"如果要买的话,就买点我们家缺少或没有的东西。"众人听了,都为冯谖捏一把汗,因为世间稀罕之物,孟尝君应有尽有。

但是冯谖好像没有考虑那么多,马上领命而去。他到了薛邑后,见到老百姓的生活十分的穷困,听说孟尝君的讨债使者来了,都满腹怨言。于是,他召集了薛邑的居民,对大家说:"孟尝君知道大家生活困难,这次特意派我来告诉大家,以前的欠债一笔勾销,利息也不用偿还了。孟尝君叫我把债券都带来了,今天当着大伙的面,我把它们烧毁,从今以后,再不催还!"说着,冯谖果真点起一把火,把债券都烧了。薛邑的百姓没有料到孟尝君竟会如此仁义,个个感激得一把鼻涕两行泪,觉得这辈子都没法回报孟尝君了。

冯谖说:"用不着大家回报,既然孟尝君连钱都不在乎,又想要大家回报什么呢。"后来冯谖就回去复命。孟尝君问他:"你讨回来的钱呢?"冯谖回答说:"不但利钱没讨回,借债的债券也烧了。"孟尝君很不高兴,觉得冯谖没有经过自己的允许就擅自做主把债券烧了,实在是没有把自己没放在眼里。

冯谖对他说:"您不是要叫我买家中缺少或没有的东西回来吗?我已经给您买回来了,这就是'义'。'焚券市义',这对您收归民心是大有好处的啊!"

数年后,孟尝君被人谮谤,齐相不保,只好回到自己的封地薛邑。薛邑的百姓听说恩公孟尝君回来了,倾城出动,夹道欢迎,表示坚决拥护他,跟着他走。孟尝君深受感动,这时才体会到冯谖的"买义"苦心。对孟尝君而言,小的损失却换来了大的收益。

冯谖用那些根本就难以收回的债券换回了民心,使得孟尝君年老回归自己的封地时大受拥戴,不得不说冯谖当初的举动是很高明的。

时至春秋末年,齐国的国君荒淫无道,横征暴敛,逼民无度。齐国的贵族田成子看到这种情况后,对他的僚属说:"公室用这种榨取的手段,虽然得到了不少财富,但这种'取'是'取之犹舍也'。仓储虽实,但国家不固,终是'嫁衣'。"于是田成子制作了大、小两种斗,打开自己的仓储

接待饥民,用大斗出借谷米,用小斗回收还来的谷米,以这样的方式来赈济灾民。

于是,不少齐国人不肯再为公室种田,反而投奔于田成子门下。田成子用这种"大斗出小斗进"的方式,借出的是粮食,收进的却是民心,虽然他付出了粮食,实则得到了更多的东西。果然,齐国的国君宝座最后为田氏家族所得。那些粮仓的米为田家换得了天下,不可不谓是"大得"啊!

常言说"吃亏是福",一辈子不吃亏的人是没有的。问题在于我们如何看待"吃亏"。在人际关系的处理中,无法做到绝对公平,总是要有人承受不公平,要吃亏。倘若人们强求世上任何事物都公平合理,那么,所有生物连一天都无法生存下去。请记住,真正肯吃亏的人,往往都是最终的受益者。

遵守"投之以桃,报之以李"的交际原则

身处现代社会,我们在进行人际交往的时候,要懂得互惠互利的原则。有来有往,投桃报李,才是人之常情。你为别人办事,他欠你一份人情,日后你有求于他,他才会更主动地帮助你。天下没有免费的午餐,如果只求回报,不讲付出,那么你在你的生活圈子里肯定不会有好人缘。

说到底,人际交往在本质上是一个能力和资源交换的过程,也就是以事换事的过程。由于受传统观念的影响,人们不愿意将人际交往和交换联系起来,认为一谈交换,就很庸俗,或者认为这样亵渎了人与人之间真挚的感情。这种想法显然是迂腐的。因为我们在人际交往中,总是在交换着某些东西,或者是物质上的,或者是感情上的,或者是其他的。

所谓交换条件,可以是物质上的,也可以是精神上的。你的某种能力为对方所认可,那你的某种能力就是交换条件。在人际交往中,让对方知道你有能力为他办事,他能从你这里得到好处,或者让对方知道你有"利用价值",或者你已替对方办了什么事,这时只要你开口,你所求对方之事就会

大功告成。

在生活中不乏这样的现象：我们在求别人办事时，对方并不情愿为我们白忙，他希望我们也能帮他做些事情，有的甚至希望在他为我们办事之前，我们得先为他办成某件事。如果了解对方的这种心理，主动满足他的这种欲望，他就会很痛快地帮助我们。

在世俗的社会里，人们都讲究以事换事。在对方那里，某些事该不该为你办，首要的是看你能不能帮他办事，或者你有帮他办事的潜力，到时能为他所用。人与人之间的关系有时候就是一笔人情债。尽管人情债无法精明地计算出，但是你也要心中有数。

有时对方没有什么需要帮忙的事情，此时你就要让对方精神上得到满足，表现出对对方的崇拜和尊敬，不断地夸奖对方的能力。如果你与对方的关系很密切，求对方帮忙时，对方不会提出什么条件来，那你也要多为对方考虑，尽量多为对方解决一些困难。不论你俩的关系多密切，你总求人家办事，却没有回报，时间久了，就行不通了。

如果你求别人帮忙的是一件"双赢"的事，那么对方也希望从中得到一些名或利。如果对方什么也得不到，而你却一个人吃独食，对方就会在心理上失衡。

要使人际交往顺利进行下去，必须以一定的利益驱动，在你享受好处的时候，也要想着分给别人一些，这样别人觉得你够义气，才会把你永远当成朋友。

有荣耀不独享，有功劳不独吞

身在职场，你要时刻记住这句话——功劳是大家的，责任是自己的。有了荣誉一定要记住与他人分享，千万不要企图独自吞食。即使你凭一己之力得来的成果，也不可吃独食。

现代社会充满竞争，当你踏入工作岗位，面临的就是同事之间的竞争。竞争的结果无非有两种：一种是它可以让你变得更优秀；另一种是你不适应这种竞争,最终被淘汰出局。对一个刚参加工作的人来说,你对公司的一切都一无所知,这就需要你去发现,去了解周围的同事。同时,周围的同事也在注视着你,这是肯定的。要想在你的岗位立足,你首先就要用竞争的姿态去适应工作环境。但是,不要因为盲目竞争而丧失他人对你的良好的印象,这就需要你把握好竞争的尺度。

谁都希望自己与荣誉和成功联系在一起,但是,如果你无视别人,你就很难与荣誉和成功沾边。因此,不要感叹上司、同事和下属度量的狭小,其实造成某种局面的根源还在于你自己。在享受荣誉的同时,不要忽略别人的感受。其实每个人都认为别人的功劳中总有自己奉献的一份力量,而你却傻乎乎地独自抱着荣誉不放,别人当然不会为你如此自私的做法而感到舒服了。

美国有个家庭日用品公司,几年来生产发展迅速,利润以每年10%~15%的速度增长。这是因为这家公司建立了利润分享制度,把每年所赚的利润按规定的比例分配给每一个员工。这就是说,公司赚得越多,员工也就分得越多。员工明白了"水涨船高"的道理,人人奋勇,个个争先,积极生产自不用说,还随时随地地检查出产品的缺点与毛病,主动加以改进和创新。

当你在职场上小有成就时,当然值得庆幸。但是你要明白,如果这一成就的取得是集体的功劳、离不开同事的帮助时,那你就不能独占这个成就,否则其他同事会觉得你抢夺了他们的功劳。

老王是一家出版社的编辑,并担任该社下属的一个杂志的主编。平时他在单位里,上上下下关系都不错,而且他还很有才气,工作之余经常写点东西。有一次,老王主编的杂志在一次评选中获了大奖,他感到荣耀无比,逢人便提自己的努力与成就,同事们当然也向他祝贺。但过了一个月,老王却失去了往日的笑容。他发现单位同事,包括他的上司和属下,似乎都在有意无意地和他过意不去,并处处回避他。

后来,老王才发现,自己犯了"独享荣耀"的错误。就事论事,这份杂志之所以能得奖,主编的贡献当然很大,但这也离不开其他人的努力,其他人也应该分享这份荣誉,而现在老王"独享荣耀",当然会使其他的同事内心不舒服。

上帝给了人两只手,一张嘴,意思是要人多做事,少说话,但有些人还是喜欢用嘴而不喜欢动手。无论在何时何地,你总能看到一些高谈阔论的人。他们总是炫耀自己的才能多么的出众,如果能按他说的计划实行,必然能成就一番大事。这些人滔滔不绝,在自己空想的领域里如痴如醉。然而,在旁人看来,那是多么的可笑和愚蠢啊。

所以,当你在职场上因有特殊表现而受到肯定时,一定不能独享荣誉,否则这份荣誉会为你的职场关系带来危险。当你获得荣誉后,应该学会与其他同事分享。正确对待荣誉的方法是:与他人分享、感谢他人、谦虚谨慎。

有钱大家一起赚,合作双赢是长久之道

现代社会,商场上的竞争充满了尔虞我诈、弱肉强食。如果说要在这样激烈的竞争中照顾到对方的利益,大部分人都会认为这是不可能的事情。然而,香港著名的企业家李嘉诚却告诉我们这点是可以做到的。

善待他人,是李嘉诚一贯的处世态度,即使是对竞争对手,他也是如此。香港《文汇报》曾刊登李嘉诚的专访,当时主持人问了李嘉诚一个问题:"俗话说,商场如战场。经历那么多艰难风雨之后,您为什么对朋友甚至商业上的伙伴还抱有十分的坦诚和磊落?"

李嘉诚回答:"简单地讲,人要去求生意就比较难,如果生意跑来找你,就容易做。"他认为,一个人最要紧的是要有中国人勤劳、节俭的美德。你可以节省自己,但是对别人却要慷慨。他说,"顾信用,够朋友。这么多年来,差不多到今天为止,任何一个国家的人,任何一个省份的中国人,跟我做过合作伙伴的,在合作之后都能成为好朋友。我们从来没有因一件事闹过不开心,这一点是我引以为荣的。"

这其中,最典型的一个例子就是他和老竞争对手怡和的事情。当时李嘉诚鼎助包玉刚购得了九龙仓,又击败置地购得中区的新地王,但是却并

没有因此而与纽璧坚、凯瑟克结为冤家。每一次战役后,他们都会握手言和,并联手发展地产项目。

追随了李嘉诚20多年的洪小莲在谈到李嘉诚的合作风格时,说:"要照顾对方的利益,这样人家才愿与你合作,并希望下一次合作。凡是与李先生合作过的人,哪个不是赚得盆满钵满!"

李嘉诚绝佳的人缘在竞争的商场中,就好像一个奇迹,而他之所以能创造这个奇迹,在人际场和生意场上如鱼得水,也是得益于他的善待他人,照顾竞争对手的利益。有人说,在李嘉诚的生意场上,朋友多如繁星,几乎每一个和他仅有一面之缘的人,都会成为他的朋友。因此,李嘉诚在生意场上只有对手,没有敌人,这不能不说是个奇迹。

俗话说得好:一个篱笆三个桩,一个好汉三个帮。在家我们可以靠父母,出门在外,就要靠朋友了。尤其是在竞争激烈的商场上,你的好人缘显得更为重要。李嘉诚的经验告诉我们,照顾竞争对手的利益,并不是吃亏,而是共赢。在获得自己利益的同时,还为自己留下了一笔"人情储蓄"。

有人说,一个善于交际的人必定是一个善于合作的人。在合作的基础上竞争,在竞争的基础上合作,这已经是人际交往的基本态势。如果只讲竞争,而不顾对方的利益,那么这样的竞争必定是不择手段的恶性竞争和无序竞争,而人际关系的和谐也将无从谈起。

在如此残酷的竞争中,我们应当怎么做才能既送人情,又得利益呢?

首先,不要只想着如何让自己享受,而不让别人舒服,更不能以置对方于死地为后快;其次,考虑问题的时候,也不能只为自己着想,而不为他人考虑,或者是只顾眼前的利益,而不考虑长远的利益。

当遇到双方意见不统一时,可跳出自己固定的思维模式,谋求一个折中的方案。比如,对某些利益有争议时,双方可以坐下来诚恳地协商,必要时,双方都做出一定的妥协。这样既能互惠,还能让对方对你心存感激,以后将更愿意与你合作,而你得到的利益也将更多。

事实上,有钱大家一起赚,是生意场上交朋友的前提,也是自己获得更大利益的前提。这种照顾对方利益的行为，是真挚的温情，不会给对方造成心理负担，还让对方觉得欠你一份情，以后一定要偿还。

只要我们在交际中自己先退一步，给足对方面子，自己的底线上留有一定的弹性，与对方利益共享，共谋发展，那么，就一定能取得最佳效果，达到预期目标。

7.5 从现在开始，找到你的成功目标

1984年，在东京国际马拉松邀请赛中，名不见经传的日本选手山田本一出人意料地夺得了世界冠军。当记者问他凭什么取得如此惊人的成绩时，他说了这么一句话："凭智慧战胜对手。"当时，不少人都认为这个偶然跑到前面的矮个子选手是在"故弄玄虚"。

10年以后，这个谜底终于被揭开了。山田本一在他的《自传》中是这么写的："每次比赛之前，我都要乘车把比赛的线路仔细看一遍，并把沿途比较醒目的标志画下来。比如第一个标志是银行，第二个标志是一棵大树，第三个标志是一座红房子……这样一直画到赛程的终点。比赛开始后，我就以跑百米的速度，奋力地向第一个目标冲去，过第一个目标后，我又以同样的速度向第二目标冲去。起初，我并不懂这样的道理，常常把我的目标定在40千米外的终点那面旗帜上，结果我跑到十几公里时就疲惫不堪了。我被前面那段遥远的路程给吓倒了。"

就像上楼一样，不爬楼梯，从一楼到十楼是绝对蹦不上去的，相反蹦得越高，就摔得越狠。要想达到目标，必须是一步一个台阶地走上去。就像山田本一一样，将大目标分解为多个易于达到的小目标，一步步脚踏实地，每前进一步，达到一个小目标，最终体验到"成功的感觉"，而这种"感觉"又将强化了你的自信心，并将推动你发挥稳步潜能去达到下一个目标。

大成功是由小目标所累积的，每一个成功的人都是在达成无数的小目标之后，才实现了他们伟大的梦想。不放弃，就一定有成功的机会；如果放弃，就已经失败了。不怕艰苦，不懈努力，迎接自己的便将是成功。

如何制订目标

如果你觉得自己虽然立下了远大志向，但是仍然感觉没有进步，整天总重复那些无关痛痒的小事，那么就给自己设定一个目标吧，树立起来自己的成功目标可以让我们更加明晰地看到成功的未来。

做成功计划的准备

如果你已经有了一个计划，先问问自己下面的问题：

"关于这件事情，我了解什么？"

"我已经掌握了哪些信息？"

"哪些信息是我需要的？我该如何获得这些信息？"

"我需要熟悉哪些技能？"

"我该利用其他什么资源？"

"这是解决问题最好的办法吗？还有其他更好的办法吗？"

设定目标的起点不能太高，然后逐步提高自己的目标

目标并不一定要设置得太高。如果你把自己的目标设置得太高，你会发现即使你投入了大量的时间和精力，到头来也未必会实现目标。

把目标细化

也许你会设定一些太泛的目标，例如，"我想成为一个成功的人！""我想成为有钱人！"但是，怎么样才算达到这样的目标了呢？倒不如把这些空泛的目标分为生活中各个方面的小目标，如家庭、居室、职业、社交、生理和精神等方面，并按照时间、日期、工作量等要素，细化成一个个容易操作的小的阶段。这样，你的目标才更有可能会实现。记住：即使是伟人，他也是从某一点开始做起的。

相信自己的能力

有时候设定的目标太低,太容易实现了,反而给自己多了一些偷懒的机会。要让你的目标具有挑战性,人是在不断的挑战自我中得到升华的。

用积极的语气陈述你的目标

积极地陈述你的目标,不要说"我不想错过今天的例行锻炼",而要说"我真的很忙,所以我可能只会参加20分钟的跑步机锻炼"。以乐观的心态开始一个目标会使你觉得这是一件好事,而不是一件你尽力想避免的苦差事。

正视未知的阻力

在实现自己目标的过程中,你可能会遇到各种阻力。记住:你面临的恐惧是未知的,所以,不要去想同事会不会嘲笑你的努力,也不用害怕目标不会实现。只有自己去努力实现一个目标的时候,你才会发现有时候自己的能力超乎想象。

把你的目标写下来

在纸上列出你要实现的目标。书面的清单是一个很好的提醒工具,它能够使你对自己的目标一目了然,而且让你很清楚自己现在已经完成和未完成的目标。

不断提醒自己

把你的目标写下来,贴到经常能看到的地方,以加深印象。这样做不仅能让你时刻关注自己的目标,还能激励你努力去实现它。

抵制诱惑

实现目标的过程是艰辛的,你可能会遇到很多让你放弃目标的诱惑。这时,你试着问问自己:"如果我这样做了,我还能实现目标吗?""几个月后,目标没有实现,就是因为今天这愚蠢的行为吗?"

要有时间观念,切忌拖延

浪费时间就是浪费生命,也是慢性自杀。如果目标的其中一个环节被拖延,后面的环节就需要付出更多的时间和精力,从而补上前面因拖延造成的损失。为了避免自身的懒惰或是其他原因造成的拖延,你可以给自己设定一个时间表,也可以在每次按时完成一个目标后给自己一个小小的奖励。

当有了比较合理的目标时，你会觉得生活多了许多意义。你会为梦想而奋斗，让生活充满希望，相信你的人生也将会与众不同。伟大的人物之所以很早就显现出他的与众不同，是因为他立志很早，他有自己明确的方向，他会用各种想法为自己的成功铺平道路。

很多人之所以失败，是因为他们怀有失败意识，他们总是瞻前顾后、左顾右盼，甚至为自己事先谋划多种退路。失败的想法一旦产生，就会阻碍你前进的步伐。

这个世界未知的东西比已知的多得多，所以你根据已知的事情推断出你的成功目标是不现实的。这种推断方法也是荒谬的，你永远不可能数清楚还有多少问题等着你去解决。所以注定成功的人，他的字典里没有"不可能"三个字。

凡事预则立，不预则废。如果没有一个完备周详的计划，任何目标都是遥不可及的。

"铁棒磨针"是一种精神，做什么事情都需要这种精神。我们在走向成功的时候，心中要有"磨针"的样子，要对目标的追求持之以恒。

要想获得成功，请对你的目标持之以恒

在一次演讲会上，一位著名的演说家没讲一句开场白，却高举着手里一张20美元的钞票。面对会议室里的200个人，他问："谁要这20美元？"一只只手举了起来。他接着说："我打算把这20美元送给你们中的一位，但在这之前，请准许我做一件事。"他说着将钞票揉成一团，然后问："谁还要？"仍有人举起手来。

他又说："那么，假如我这样做又会怎么样呢？"他把钞票扔到地上，又踏上一只脚，并且用脚碾它。而后，他拾起钞票，钞票已变得又脏又皱。他再次问："现在谁还要？"还是有人举起手来。这时，演讲家说道："朋友们，你们已经上了一堂很有意义的课。无论我如何对待那张钞票，你们还是

想要它,因为它并没贬值,它依旧值20美元。人生路上,我们会无数次地被自己的决定或碰到的逆境击倒,我们会遭受欺凌甚至碾压,这让我们觉得自己似乎一文不值。但无论发生什么,或将要发生什么,我们永远不会丧失自己的价值。无论肮脏或洁净,衣着整齐或不整齐,我们依然是'无价之宝'。"

请记住,无论碰到什么困难,你一定要对自己有信心,那么你将还有继续成功的可能。我们要坚信自己会成功,就好像成功明天就会到来。当每天早晨我们起床的时候,我们要问自己几个问题:

(1)我的理想(目标)是什么?

(2)今天我要做什么工作会让我离我的目标更近?

(3)我要成功,需要对环境作什么样的改变?

这样问自己之后,再找面镜子,面对镜子中的自己,盯着自己的眼睛问自己是不是还仍然自信如初。再一次确认自己很帅或很美丽,自信你的才华横溢,人缘广泛,最终,你肯定会走向胜利。要知道自信是成功必备的武器。你甚至可以很自负骄傲,但千万不要自卑怯懦。恐惧会赶走大部分走在成功路上的人。

相信梦想,才会实现梦想

所有的成功人士都是一样的。要想成功,你必须对你的梦想有着强烈的渴望,并且信心十足。中国的成功人士是这样,外国的成功人士也是这样。现任美国加利福尼亚州州长的施瓦辛格就是一个对自己非常有信心的人。阿诺德·施瓦辛格1947年7月30日出生在一个鲜为人知的村落——奥地利的特尔村。施瓦辛格幼年时期就制订了自己的人生"规划表":通过健美成为百万富翁,然后进入影坛,赚更多的钱,娶一个有名的妻子,最后成为政坛名人。

施瓦辛格年轻时,父亲希望他踢足球。他为了梦想,执着于举重和健美运动。他十分投入,父母亲怕他锻炼过量,不得不限制他去健身房的次数为

每周三次,可他把家里一间没有暖气的房间改为健身房,继续锻炼。坚持不懈的努力使施瓦辛格成为最知名的健美运动员。从影前他一共获得过八次"奥林匹克先生"和五次"环球健美先生"的荣誉。

1968年,施瓦辛格来到美国,当时他仅有的财产是20美元,一个沾满汗水的运动包和一个梦想。但是施瓦辛格总是充满了自信。他在1973年出版的自传小说《阿诺德,一个健美运动员的成长》中写道:"我知道我是一个赢者,我知道我一定要做伟大的事情。"

在洛杉矶定居后,施瓦辛格不满足于只是个健美冠军,他立即向世界富豪的目标前进。最初,他为经纪人乔·维德的健美杂志写文章,得到一个免费单元房、一辆车和每周60美元的酬金。与此同时,他又和朋友一起雇用了几个健美教练开办了一家健身房,还用函授方式讲授健美课程。他自己也去读夜校,同时到三所学校学习营销学、经济学、政治学、历史和艺术。他说:"只要你努力工作,你就可以实现理想。"

远大的抱负和充沛的精力使施瓦辛格勇于迎接新的挑战。作为一名健美运动员,他从很早开始就具有表演的才能。身居洛杉矶,好莱坞近在咫尺,于是他有了下一步的目标。1970年,施瓦辛格从他的第一部电影《大力神在纽约》开始了他的演员生涯。至今他已主演近20部动作片,几乎部部叫座,在全球影响极广。其中最大的商业成功大片是《魔鬼终结者2》,使他成为全球收入最高的演员。《魔鬼终结者》也成为好莱坞的经典形象之一。施瓦辛格的名字已成为动作片的代名词,也是票房的保证。更难得的是他为拓宽戏路还出演了几部喜剧片,依然大获成功。这也是其他动作片明星所无法比拟的。当时他是最走红的明星,他拍摄的每一部动作片都可使他获得2000万美元的收入;他又是成功的商人、不动产巨头和餐馆老板;他还得到美国共和党人的支持。

想要成功的人会将自己的每一天都和成功的目标挂钩,明确到每一天的成功目标,会让成功到来的路径更加清晰。

施瓦辛格和肯尼迪总统的外甥女玛利亚·施莱弗结婚,更为他的演艺生涯增添了传奇色彩,这也是他个人理想实现的一部分。息影后的施瓦辛格开始参与政治，并且参加了州长竞选，在演艺界的影响和成就使其于2003年11月16日起成为美国加利福尼亚州州长。有人说如果施瓦辛格出生在美国，他很有可能成为美国总统(美国宪法规定，美国总统只能是出生于美国的人)。

从施瓦辛格的经历中，你能感觉到他绝对相信自己将是一个成功者，他从来都不怀疑自己，他觉得自己注定将是赢家。正是对自己的未来如此坚决的肯定，才让他有了一段从一个异国乡下小孩变成美国州长的传奇经历。

几乎所有成功的人都对自己充满信心，不论何种情况，他都相信自己可以排除一切困难达到成功。忍受宫刑的司马迁写出了不朽的《史记》，耳聋的贝多芬依旧谱写出了《命运交响曲》，轮椅上的总统罗斯福依然能够左右世界……尽管命运之神设置了障碍，但是依然没能阻挡住他们奔向成功的脚步。